陕西省普通高等学校优势学科建设项目资助出版

能源化工计算软件及应用

吴峰 闫渊 龚明 肖航 著

科学出版社

北 京

内 容 简 介

作为化学工程与能源行业的重要辅助设计工具，能源化工专业计算软件已广泛应用于能源与化工领域的生产、科研与教学过程。本书主要对化工设备与工艺系统的计算流体动力学分析、颗粒流体力学模拟分析、颗粒力学分析、分子模拟分析、工艺单元设备及过程模拟分析、环境与安全分析和化工项目经济性分析管理常用软件等进行了集中汇总与计算案例介绍。各章的经典行业计算案例，紧密结合作者科研与企业服务课题内容，能够让初学人员快速掌握能源化工软件行业计算的基本方法与要点。

本书可作为化学工程与工艺、能源化工专业高年级本科生与研究生的教学参考书，也可作为相关领域研究与设计人员的参考资料。

图书在版编目（CIP）数据

能源化工计算软件及应用/吴峰等著. —北京：科学出版社，2022.8
ISBN 978-7-03-071037-6

Ⅰ. ①能… Ⅱ. ①吴… Ⅲ. ①能源-化工计算-应用软件-教材
Ⅳ. ①TQ015.9

中国版本图书馆 CIP 数据核字（2021）第 262197 号

责任编辑：宋无汗 / 责任校对：任苗苗
责任印制：张 伟 / 封面设计：陈 敬

科 学 出 版 社 出版
北京东黄城根北街 16 号
邮政编码：100717
http://www.sciencep.com
北京中石油彩色印刷有限责任公司 印刷
科学出版社发行 各地新华书店经销
＊
2022 年 8 月第 一 版 开本：720×1000 1/16
2023 年 9 月第二次印刷 印张：13 3/4
字数：277 000
定价：125.00 元
（如有印装质量问题，我社负责调换）

前　言

能源与化工行业是国民经济的支柱产业，与人们的生产与生活密切相关，能源与化工行业的每一次产业升级与技术进步都离不开科研的进步与创新。本书第一作者2011年担任西北大学化工学院研究生课程"计算机软件实践"的主讲教师时发现，单一的软件功能教学不能满足研究生多专业、多学科的研究背景及需求，受教学课时的限制，课程仅能满足基本的教学任务及部分学生的学习需求。因此，萌发了增加课程教学软件种类及增强教学案例专业针对性的教改思想。

根据不同开发原理与应用场合开发的化工软件，具有种类单一、案例简单且内容宽泛的特点，缺少集专业特色、种类齐全与计算案例专业化、针对性强为一体的参考资料。基于以上现状和需求，作者所在团队决定撰写一本针对能源与化工专业重要软件学习与科研的参考书籍，书中的案例基本上为作者科研及企业技术服务研究的内容，与能源、化工专业的实际应用紧密结合。本书旨在使相关领域的科研工作人员掌握行业常用软件的基本特征、使用方法和解决行业问题的技巧等。

本书共7章。第1章介绍计算流体动力学基本原理、相关软件使用情况，通过能源与化工行业常见的应用算例进行计算演示。第2章介绍颗粒流体力学模拟计算原理、代表性软件Barracuda和粉煤气化炉模拟算例。第3章介绍颗粒力学原理及CFD-DEM耦合与曳力模型分析算例。第4章介绍分子模拟计算原理及代表软件LAMMPS计算煤油黏度算例。第5章为工艺单元设备及过程模拟软件使用详解，介绍先进的过程模拟软件gPROMS ProcessBuilder的使用方法与算例。第6章为环境与安全分析软件，介绍三种具有代表性的软件模拟算例。第7章为化工项目经济性分析管理软件及代表性软件Aspen Economic Evaluation的算例介绍。

感谢国家自然科学基金项目（22178286、21878245、21476181）的支持，感谢陕西省普通高等学校优势学科建设项目与陕西延长石油天然气股份有限公司横向课题资助出版。

本书由吴峰负责框架设计，设置编写要求并统稿和定稿。第1章由吴峰撰写；第2、3、5章由龚明撰写；第4章由肖航、吴峰撰写；第6、7章由闫渊撰写。参与书籍撰写的人员包括课题组博士研究生许留云、车馨心，硕士研究生潘君明、杜加丽、赵胜宁、郭佳仪。此外，高婷、王瑶和屈坤对本书的部分章节内容进行了文字整理，在此一并感谢！

由于作者水平有限，书中难免有不足和疏漏之处，敬请有关专家和读者不吝指正。

目　录

第 1 章　计算流体动力学

1.1　概　　述

在自然界、工业生产过程和人类活动过程中,两相流及多相流的现象随处可见,如夹带泥沙的海潮、管道中石油天然气的输送、沸腾的水在水壶中的循环、沙漠风沙等。由于两相流及多相流比单相流有着更多变的现象和更复杂的流动状态,单纯的实验方法或者理论分析无法精确、详尽地描述两相流及多相流,计算流体动力学(computational fluid dynamics,CFD)正是为了解决这一难题于20世纪60年代发展起来。

作为一门新兴学科,一方面,CFD 不是很成熟,在对自然界的流动现象进行模拟时,其计算结果不仅取决于数值方法,还取决于描述系统的数学模型[1-3]。然而,由于流动现象的复杂性,数学模型很难精确描述,模拟结果很可能是无效的。另一方面,尽管 CFD 存在不足,但在航空、航天、航海、石油化工、汽车制造、冶金锻造、医药生物等领域取得的成果,无不显示着其在自然界流动现象和工业生产研究中的强大生命力。

计算流体动力学主要研究如何建立和求解描述流体流动的各类方程对,CFD 求解过程示意图如图 1-1 所示[4]。

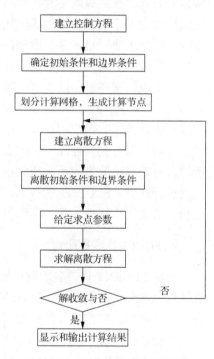

图 1-1　CFD 求解过程示意图

1.2　计算流体动力学商业软件

1.2.1　FLUENT 软件

FLUENT 软件是目前处于世界领先地位的商业 CFD 软件之一,因成本低、计算速度快、仿真效果好、适用范围广等优点,已被广泛用于模拟各种流体流动、相间传质传热、燃烧和机械设计等领域，特别适用于模拟和分析一个复杂区域内流体流动时的热量交换问题。具体而言，其应用领域包括航空、航天、机械加工、汽车设计、水利工程、发电系统、家用电器、建筑设计、设备加工、材料加工、生物医药、环境保护、食品科学、聚合物加工、核能等。

1. FLUENT 整体计算过程

使用 FLUENT 软件首先需要建立几何模型和网格，称为 GAMBIT。用户可以利用基本要素，如点、线、面、体，通过对合的方式，形成所需要的几何模型。形成几何模型后，开始划分网格。在划分网格时，可以选择适合的几何模型和网格划分方式。在生成网格时，用户可以定义网格的疏密程度。一般来说，网格生成的过程由一个端面上的边线开始，首先生成该面上的网格，其次沿着与该面垂直的面依次生成网格，最后由外向内生成整个几何模型的网格，即用代数法生成网格。生成网格后，还需要定义几何模型的基本边界条件。

将生成的网格输出给 FLUENT，由 FLUENT 做进一步计算。进入 FLUENT 后，首先定义求解的方程，以及计算所采用的模型。其次定义流体的物性，FLUENT 有现成的物性库，用户可以选取所需要的流体，也可以根据实际情况定义新的流体，并将其保存到物性库中。定义完物性后，定义具体的边界条件，如流速、温度等，再选择离散方程所采用的格式，以及迭代收敛的准则、精度和迭代步数，最后进行计算。FLUENT 的计算结果可以用图形或者数字来表示，也可以通过其他相应的软件进行后处理，从而得到用户所需要的计算结果。

2. FLUENT 体系结构

采用 FLUENT 软件包求解问题的过程，一般分为前处理软件、求解器、后处理软件三部分。从本质上，FLUENT 只是一个求解器，其本身包含的功能模块有网格导入模型、数值计算的物理模型、边界条件和材料参数设置模型、求解器模型、后处理模型等[5]。此外，FLUENT 提供了各类 CAD/CAE 软件（如 ANSYS、I-DEAS、NASTRAN、PATRAN 等）与 GAMBIT 的接口。图 1-2 为 FLUENT 程序结构图。首先利用前处理软件进行几何形状的构建，二维、三维网格的生成，并以 FLUENT 求解器计算的格式输出；其次利用 FLUENT 求解器进行求解计算；最后对计算结果进行后处理。

同时，GAMBIT、TGrid、prePDF、Filters 等 CAD/CAE 软件与 FLUENT 有极好的相容性，可接口的程序包括：ANSYS、I-DEAS、NASTRAN 等。表 1-1 介绍了各个软件的具体功能。

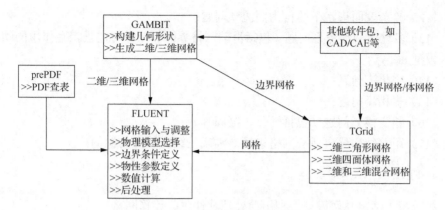

图 1-2　FLUENT 程序结构图

表 1-1　各个软件的具体功能介绍

软件名称	具体功能
GAMBIT	建立几何模型及生成网格文件
TGrid	体网格生成软件
FLUENT	CFD 求解器
prePDF	PDF 燃烧过程模拟软件
Filters（Translators）	边界网格/体网格生成软件

3. FLUENT 应用范围

FLUENT 软件可以采用三角形、四边形、四面体、六面体及其混合网格，能够计算二维和三维流动问题，计算过程中网格可以自适应调整。因此，FLUENT 适用于各类复杂的可压缩与不可压缩流动计算，应用范围非常广泛，主要范围如下：

（1）可压缩与不可压缩流动问题；

（2）稳态和瞬态流动问题；

（3）无黏、层流和湍流问题；

（4）牛顿流体和非牛顿流体；

（5）各种形式换热问题（包括自然对流、混合对流、辐射热传导等）；

（6）导热与对流换热耦合问题；

（7）化学组分的混合与反应模型问题（包括燃烧模型和表面沉积反应模型）；

（8）惯性坐标系和非惯性坐标系下的流动问题模拟；

（9）用 Lagrangian 轨道模型模拟稀疏相（颗粒、水滴、气泡等）；

（10）一维风扇、泵、热交换器性能计算；

（11）离散相（颗粒、水滴、气泡）的运动轨迹计算问题以及与连续相的耦合计算问题；

（12）复杂表面形状下的自由面流动问题；

（13）多重运动参考系问题（包括滑动网格界面、转子与定子相互作用的动静结合模型）；

（14）空化流问题；

（15）多相流问题；

（16）相变模型问题（包括熔化、凝固等）；

（17）用非结构化自适应网格求解二维或三维区域内的流动。

4. FLUENT 求解步骤

第一步：确定几何模型，利用前处理软件生成计算网格；

第二步：选择求解器（二维或三维等）；

第三步：导入网格并检查网格质量；

第四步：选择计算模型；

第五步：设定流体的材料物性；

第六步：设定边界条件；

第七步：求解方法的设置与控制；

第八步：流场初始化与迭代求解计算；

第九步：保存结果并进行后处理等。

1.2.2　离散单元法与 EDEM 软件

1. 离散单元法

离散单元法是 1971 年 Cundall 在分析由节理岩石（裂缝分布较多的岩石）组成的边坡稳定性问题时提出。由于其计算相对简单、易于实现，很快成为离散介质数值计算的主要分析工具。在离散单元法中，单元间的接触模型是其核心内容，引起很多学者的关注，粒子间接触的本构关系不断得到修正。整体而言，基于接触方式的类型，离散单元模型大体可以分为硬球模型与软球模型[6-7]两类，可溯源于分子动力学模型中适用于事件驱动的方法和时间驱动的方法。

早期的离散单元模型假设颗粒均为圆形的刚体，但颗粒间发生接触时允许少量重叠，不计接触面积，若无相对滑动，则重叠量与接触力线性相关；若滑动，则服从 Mohr-Coulomb 定律，这种模型为软球模型。相对于硬球模型，软球模型将碰撞视为长时接触过程，由接触的本构关系求得颗粒的接触力，随后根据牛顿运动定律更新颗粒的运动状态。软球模型可以吸收融合较多的接触模型，处理数目庞大的颗粒系统时，在未显著增加计算时间的情况下获得了更为详细的颗粒信息，因此应用范围更广，对准静态力学分析与快速颗粒流问题均适用[8]。

离散单元模型将颗粒系统视为有限数量单元组成的集合体，根据单元的尺度与几何特征分成块体与颗粒两类系统。实际上这种划分并不唯一，不规则的多面体颗粒也可视作小的块体，处理两类系统的主要区别在于几何特征导致的接触检索方法与接触模型的差异。很多学者开展了考虑颗粒形状影响的离散单元法研究，目前的不规则颗粒主要选取椭圆（球）形。尽管非圆（球）形颗粒更接近实际且更适于探究颗粒间滚动摩阻的产生机制，然而其复杂的接触检索模式将导致计算资源被高额占用和计算效率快速降低，因此目前的颗粒离散单元法研究仍然以圆形和球形颗粒为主[8]。

2. EDEM 软件

随着离散单元法在工程应用中不断成熟，相关软件相继出现。EDEM 软件是 Favier 创立的英国 DEM Solutions 公司的主导产品,对工业生产中的颗粒处理与操作系统进行模拟和分析，可以简单快捷地创建固体颗粒系统的参数化模型，通过真实颗粒的 CAD 模型来准确描述固体颗粒的形状，添加物料力学性质和其他物理性质来建立颗粒模型，所创建的颗粒模型能够存入数据库中以便重复使用[9]。

EDEM 软件能够管理和存储每一个颗粒的所有相关信息，包括质量、速度以及作用在颗粒上的作用力信息。EDEM 软件能处理几乎所有形状的颗粒，而不是将所有颗粒都近似成球体。在后处理操作中，其具有丰富的数据分析工具，可以对颗粒流进行 3D 可视化动态显示并创建相应的 Video 文件。

EDEM 软件由三个功能模块组成，分别是模型创建（creator）模块、仿真计算（simulator）模块和数据分析（analyst）模块[10]。

（1）模型创建。利用 EDEM 前处理建模工具建立仿真模型，步骤如下：①设置参数、物理性质和材料属性；②定义原型颗粒；③定义几何特征；④设定仿真区域；⑤创建颗粒工厂。

（2）仿真计算。仿真计算的一般步骤：①设定时间步长和仿真时间；②定义网格尺寸；③仿真运行。

（3）数据分析。仿真结果的后处理可以帮助用户对模型的仿真结果进行分析。仿真结果分析与数据的后处理包括：①观察仿真过程；②设置显示方式；③进行颜色标识；④划分网格单元组；⑤截断分析；⑥设置选择组集；⑦使用其他工具；⑧绘制图表；⑨分析导出数据；⑩生成截图；⑪制作视频。

3. CFD-DEM 求解过程

CFD-DEM 的耦合及求解过程如图 1-3 所示[11]。UDF 的详细介绍请见 1.3.4 小节。

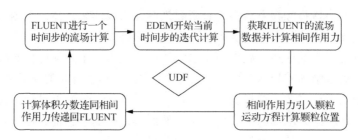

图 1-3　CFD-DEM 的耦合及求解过程

1.3　FLUENT 操作介绍

1.3.1　FLUENT 界面

1. FLUENT 启动界面

启动 FLUENT 后，会有如图 1-4 所示的 Fluent Launcher 窗口，在此窗口可设置计算的维度、启动后的显示方式、单核或并行计算等，设置完成后，单击"OK"，即可启动 FLUENT。

图 1-4　Fluent Launcher 窗口

2. FLUENT 操作界面

FLUENT 操作界面如图 1-5 所示，由图形窗口、下拉菜单组成。在选择执行命令时，可通过单击左侧控制树的命令，在其展开的控制对话框进行相关设置；同时，可以利用菜单命令，如 Define 命令弹出下拉菜单，当用户选择 Results 命令时，图形窗口会出现相应的结果图像。

图 1-5　FLUENT 操作界面

FLUENT 操作界面菜单栏包括 11 个菜单,如图 1-6 所示,通过单击这些菜单可弹出相应的对话框。

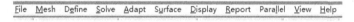

图 1-6　FLUENT 操作界面菜单栏

FLUENT 操作界面工具栏如图 1-7 所示,可用来打开和保存文件、设置图形显示和视图窗口的形式。

图 1-7　FLUENT 操作界面工具栏

FLUENT 操作界面文本窗口如图 1-8 所示。文本窗口中的命令行提示符位于最下面一行,刚启动 FLUENT 时,显示为">"。用户可借助文本窗口输入各种命令、数据和表达式。

```
n5     pcmpi   DESKTOP-UFKP5QU      Windows-x64 14868    0       5
n4     pcmpi   DESKTOP-UFKP5QU      Windows-x64 9676     0       4
n3     pcmpi   DESKTOP-UFKP5QU      Windows-x64 14712    0       3
n2     pcmpi   DESKTOP-UFKP5QU      Windows-x64 9100     0       2
n1     pcmpi   DESKTOP-UFKP5QU      Windows-x64 14708    0       1
n0*    pcmpi   DESKTOP-UFKP5QU      Windows-x64 14504    0       0


Selected system interconnect: default
--------------------------------------------------------------------
Cleanup script file is E:\Program Files\ANSYS Inc\v150\fluent\ntbin\wi
Loading "C:\Users\dell\.cxlayout"
Done.

>
```

图 1-8　FLUENT 操作界面文本窗口

1.3.2　FLUENT 使用操作

1. 导入网格文件

通常需要通过"File→Read→Mesh…"命令将已经保存好的 mesh 文件读入到 FLUENT 中，如图 1-9 所示。

FLUENT 只需通过"File→Import"命令，就可以读取其他软件的数据文件，如图 1-10 所示。在其他软件列表中，几乎囊括了现有各类有限元和有限体积法软件。

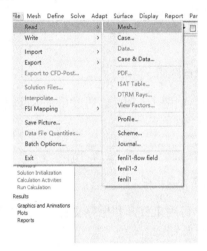

图 1-9　读入网格文件

图 1-10　读取其他软件的数据文件

FLUENT 还可将算例与结果文件导出，并将其导入后处理软件中进行处理。通过"File→Export"命令，选择导出的后处理软件，即可对结果进行进一步的分析与处理，如图 1-11 所示。

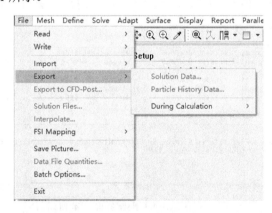

图 1-11　导出结果文件

2. 通用设置

在通用设置中完成比例缩放网格、检查网格、显示网格、求解方法、流体分析类型（稳态或瞬态）等设置。此外，还可以设置流体分析中是否考虑重力和流体分析过程中的单位。操作步骤为在控制树中单击"General"，在如图 1-12 所示的对话框中进行各项设置。

3. 计算模型设置

将上述步骤设置好后，就可设置计算所需要的基本模型。FLUENT 提供了多种模型，如多相流模型、湍流模型、传热模型、离散相模型、组分输运与化学反应模型等。不同的实际问题需要设置不同的基本模型，操作步骤为在控制树中单击"Models"，并在出现的对话框中选择模型并进行设置，如图 1-13 所示。

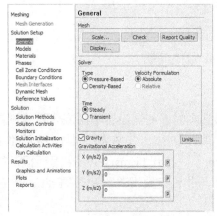

图 1-12　通用设置对话框

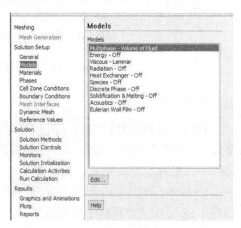

图 1-13　计算模型设置对话框

4. 材料物性设置

FLUENT 中的材料物性设置对话框如图 1-14 所示，点击需要定义的物性材料，FLUENT 的材料库中已经提供了许多常见材料，只需要直接复制使用即可。单击"Create/Edit Materials"，在如图 1-15 所示的对话框中，可根据实际需要选择材料数据库中的材料物性或自定义材料物性。

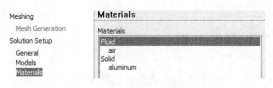

图 1-14　材料物性设置对话框

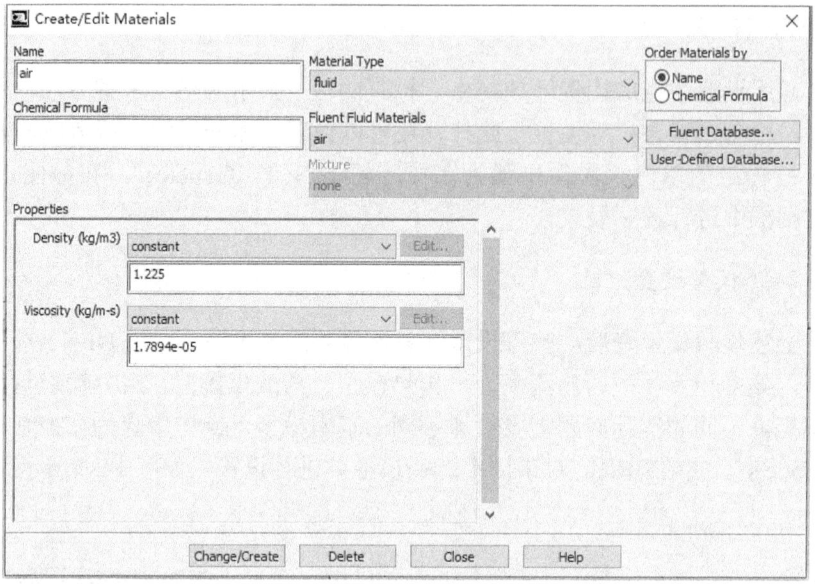

图 1-15　材料物性参数设置对话框

5. 流体相设置

若激活多相流分析选项，则可以使用该选项对多相流设置不同流体相的材料参数，设置流体相的步骤如下：在控制树中单击"Phases"，在如图 1-16 所示的对话框中，选择所需要定义的相，并单击"Edit…"打开 Primary Phase 对话框，如图 1-17 所示。如需要对流体相进行材料更改与物性参数设置，单击"Edit…"，在如图 1-18 所示的对话框中进行设置。

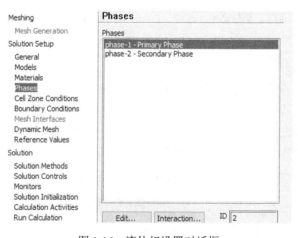

图 1-16　流体相设置对话框

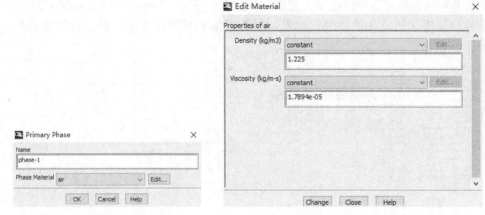

图 1-17　流体相类型设置对话框　　　　图 1-18　流体相材料更改与物性参数设置对话框

6. 流体域条件设置

FLUENT 可以为选定的流体区域设置流体类型、流体参数、参考坐标系、动网格、多孔区域介质、源项、多相等，操作步骤为在控制树中单击"Cell Zone Conditions"，在如图 1-19 所示的设置对话框中对流体域条件进行设置。

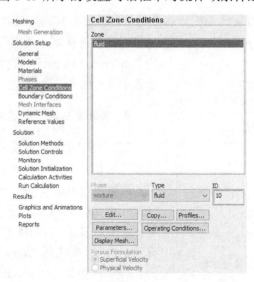

图 1-19　流体域条件设置对话框

7. 边界条件设置

FLUENT 提供了流体入口和出口边界条件、壁面边界条件、重复边界条件和内表面边界条件。操作步骤为在控制树中单击"Boundary Conditions"，在如图 1-20

所示的对话框中，选择所需要设置的边界条件。单击"Edit..."打开如图 1-21 所示的对话框，对边界条件进行设置，需要根据不同的计算需求设置合适的边界条件。

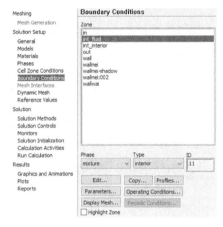

图 1-20　边界条件选择对话框　　　　图 1-21　边界条件设置对话框

8. 参考值设置

通过具体界面设置流场变量和参考值，此外允许为后处理中移动区域的相对

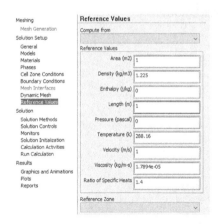

图 1-22　参考值设置对话框

速度设定参考区域。基本操作为在控制树中单击"Reference Values"，在弹出图 1-22 所示的对话框中进行参考值的设置。

9. 求解方法与求解控制参数设置

FLUENT 中可以设置求解流体流动离散后代数方程组的基本（scheme）算法、对流项的空间离散（spatial discretization）算法、瞬态项（transient formulation）的离散算法。FLUENT 提供了多种算法，如 SIMPLE 算法、SIMPLEC 算法、PISO 算法和 Coupled 算法，操作步骤为在控制树中单击"Solution Methods"，在如图 1-23 所示的设置对话框中对求解方法进行设置。

基于压力求解流体流动方程的方法使用 Under-Relaxation Factors 来控制每一次迭代计算参数的更新。FLUENT 提供的默认值适用于大多数流体问题，但对于特殊的流体问题需要具体设置，如湍流、高雷诺数的自然对流问题等，这有利于求解并能保证求解精确度。操作步骤为在控制树中单击"Solution Controls"，在如

图 1-24 所示的设置对话框中对求解控制参数进行设置。

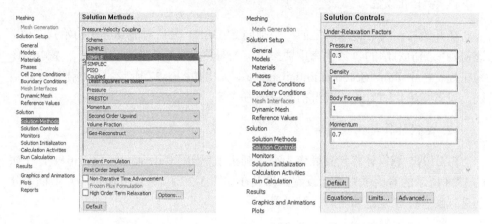

图 1-23　求解方法设置对话框　　　　　图 1-24　求解控制参数设置对话框

10. 监视参数设置

在计算求解过程中，对于不同的计算问题，需要动态监视不同参数的计算收敛性和计算结果、阻力、表面积以及各个变量的残差、针对非稳态流动的时间进程等。操作步骤为在控制树中单击"Monitors"，在如图 1-25 所示的对话框中，双击"Residuals-Print，Plot"选项或单击"Edit..."，打开如图 1-26 所示的对话框，设置需要监视的变量残差及监视方式等。

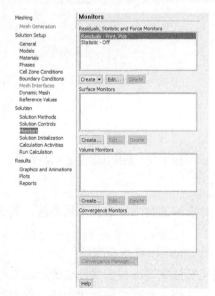

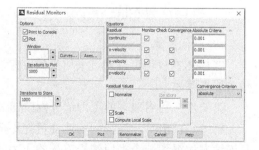

图 1-25　监视设置对话框　　　　　　　图 1-26　监视参数设置对话框

11. 初始化设置

在开始对流场进行求解之前，必须向 FLUENT 提供对流场解的初始猜测值。该初始猜测值对解的收敛性有重要影响，与最终的实际解越接近越好。基本操作为在控制树中单击"Solution Initialization"，弹出如图 1-27 所示的初始化设置对话框，设置初始化的方式、获得初始值的方式等。

12. 迭代计算与收敛判断

FLUENT 迭代计算设置操作为在控制树中单击"Calculation Activities"，在如图 1-28 所示的对话框中进行设置，以及在如图 1-29 和图 1-30 所示的对话框中分别进行瞬态计算设置和稳态计算设置。

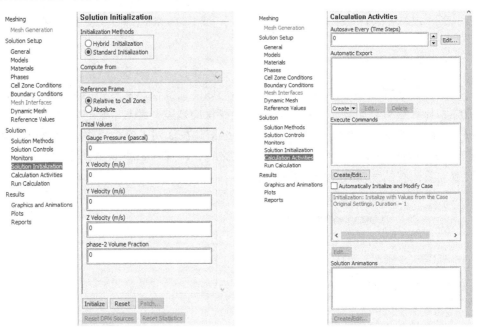

图 1-27　初始化设置对话框　　　　图 1-28　迭代计算设置对话框

1）迭代计算

FLUENT 软件可以通过采用原始变量法对求解的物理场进行迭代求解，其迭代求解步骤如下。

第一步：利用现有的压力值分别解出 u、v、w，以更新速度场；

第二步：由第一步得到的速度可能不满足质量守恒，根据线性化的运动方程和连续方程得到一个类似泊松方程的压力修正方程，然后求解此压力修正方程得到满足连续方程必要的压力和速度的修正量；

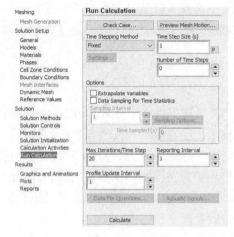

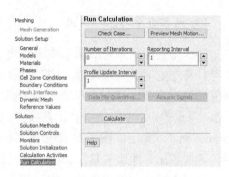

图 1-29　瞬态计算设置对话框　　　　图 1-30　稳态计算设置对话框

第三步：利用求得的速度解 k-ε 方程（湍流专用）；

第四步：利用求得的值解附加的方程，如焓方程（即能量方程）等；

第五步：更新流体物性；

第六步：判断是否收敛；

第七步：如不收敛，重复上述步骤。

在 FLUENT 中，可以很方便地随时中断运算，修改条件后仍然可以继续迭代，还可以随时调节松弛因子的大小。在流场迭代算法中，SIMPLE 算法于 1972 年由 Patanker 和 Spalding 提出，是目前应用最为广泛的流场计算方法之一，同时是 FLUENT 软件中的基本算法，其核心是"猜测-修正"。

FLUENT 软件将不同应用范围的计算软件合并在一起形成 CFD 软件群。群内软件均采用统一的网格生成技术、共同的操作界面和前/后处理软件模块，因此大大减少了用户在计算方法、前/后处理、自定义编程等方面投入的精力与时间，从而有效提高了模拟效率，节省了模拟运算所需要的时间。

2）收敛判断准则

残差计算公式如下：

$$R = \sum_i \left| A_E \phi_E + A_W \phi_W + A_N \phi_N + A_S \phi_S + S_C - A_P \phi_P \right| \tag{1-1}$$

相对残差为

$$\overline{R} = \frac{R}{\sum |A_P \phi_P|} \tag{1-2}$$

在运动方程中，相对残差表示为

$$\overline{R} = \frac{R}{A_P \sqrt{u_P^2 + v_P^2 + w_P^2}} \tag{1-3}$$

在 FLUENT 软件中可以自定义收敛准则，其默认收敛准则为对于连续方程相对残差小于1×10^{-3}，对于 u、v、w 方程相对残差小于1×10^{-6}，对于能量方程相对残差小于1×10^{-6}。

13. 结果查看与保存结果

为了得到形象直观的图形结果，模拟计算后还需进行后处理。FLUENT 软件本身具备一定的后处理功能和图形可视化技术，能够显示相关物理参数的云图、等值线图、速度矢量图、流动轨迹图等。同时，还能求得力、力矩及对应的力矩系数、流量等，并生成简要的计算报告。操作步骤为在控制树中单击"Graphics and Animations"，弹出如图 1-31 所示的 Graphics and Animations 对话框，可以进行云图、等值线图、速度矢量图、流动轨迹图等后处理。

保存工程和数据文件的操作步骤为选择"File→Write→Case&Data..."命令，将当前定义的全部信息及计算结果保存为案例文件和数据文件，如图 1-32 所示。

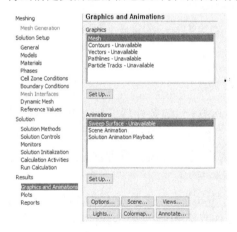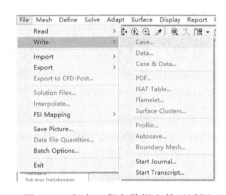

图 1-31　Graphics and Animations 对话框　　　图 1-32　保存工程和数据文件对话框

1.3.3　FLUENT 计算模型

FLUENT 软件中提供了丰富的流体分析模型，主要包括多相流模型、湍流模型、传热模型、离散相模型等。

1. 多相流模型

多相流模型包括 Volume of Fluid（VOF）模型、Mixture 模型和 Eulerian 模型。在 FLUENT 操作中多相流模型设置对话框如图 1-33 所示，主要适用范围包括离散相体积分数超过 10%的气泡、液滴、粒子负载流；栓塞流、泡状流；分层/自由面流动；气动运输；流化床内粒子流；泥浆流和水力运输；沉降等。当颗粒体积分数小于 10%时，采用离散相模型；当颗粒体积分数远大于 10%时，选择欧拉双流体模型（Eulerian two fluid model）。

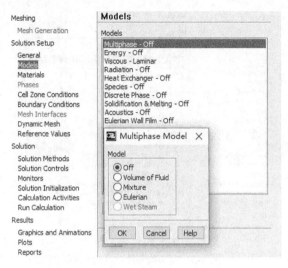

图 1-33　多相流模型设置对话框

1）Volume of Fluid 模型

Volume of Fluid 模型主要适用于分层流、射流破碎、流体大泡运动、自由表面流动等，计算瞬态问题时也可以利用该模型。该模型通过求解单独的动量方程和处理穿过区域每一种流体的容积比来模拟不能混合的流体[12]，当需要模拟几种互不混合的流体或者互不相融的界面时，可以选择 Volume of Fluid 模型。

2）Mixture 模型

Mixture 模型可以用于模拟具有不同速度的流体或颗粒，可以是两相的，也可以是多相的。相对于多相流模型，Mixture 模型更加简单，是一种简化的多相流模型。该模型可以用于混合相能量方程等的求解，还可以用于模拟有强烈耦合的各向同性多相流和各相以相同速度运动的多相流[12]。此模型模拟包括粒子负载流、气泡流、沉降和旋风分离器等。

3）Eulerian 模型

Eulerian 模型适用比较广，可以是两相间相互作用，也可以是多相流问题。多相可以是气液固三相之间的任意组合。在欧拉多相流模型中，每一相都是用欧拉法处理。欧拉多相流模型没有液体与液体、液体与固体之间的差别，把颗粒的运动也视为一种流动[12]。

2. 湍流模型

FLUENT 软件中有很多湍流模型，根据不同的实际情况需要进行不同的选择，选择标准主要是确保其计算精度高、符合实际情况、省时，湍流模型设置对话框如图 1-34 所示。

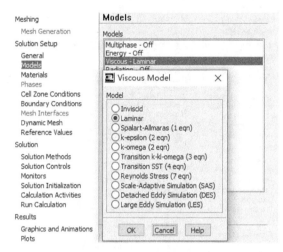

图 1-34　湍流模型设置对话框

1）The Spalart-Allmaras 模型

对于解决动力漩涡黏性，The Spalart-Allmaras 模型是相对简单的方程。它包含了一组新的方程，在这组方程中不用计算和剪应力层厚度相关的长度尺度。The Spalart-Allmaras 模型主要应用于航空领域中的墙壁束缚流动，而且已经显示出很好的效果。在透平机械中的应用也愈加广泛。需要注意的是，The Spalart-Allmaras 模型是一种新出现的模型，现在不能断定它适用于所有复杂的工程流体。

2）标准 k-ε 模型

标准 k-ε 模型是最简单的完整湍流模型，它是两个方程的模型，要解两个变量，即速度和长度尺度。该模型适用于解决范围广、经济性好、精度合理的相关问题。标准 k-ε 模型为半经验公式，是从实验现象中总结出来的。

3）RNG k-ε 模型

RNG k-ε 模型和标准 k-ε 模型相似，但有很多改进，如 RNG k-ε 模型在 ε 方程中加了一个条件，有效改善了精度；考虑到湍流旋涡，提高在此方面的精度；RNG k-ε 模型为湍流 Prandtl 数提供了一个解析公式，而标准 k-ε 模型为用户提供了常数。同时，标准 k-ε 模型是一种高雷诺数的模型，RNG k-ε 模型提供了一个考虑低雷诺数流动黏性的解析公式。公式的计算精度主要取决于是否正确处理计算对象的近壁区域，这些特点使得 RNG k-ε 模型比标准 k-ε 模型得到了更广泛的应用。

4）Realizable k-ε 模型

Realizable k-ε 模型与标准 k-ε 模型有两个主要的不同点：①带旋流修正的 Realizable k-ε 模型为湍流黏性增加了一个公式；②Realizable k-ε 模型为耗散率增

加了新的传输方程，该方程来源于以层流速度波动为基础的精确方程。Realizable k-ε 模型对涉及平板和圆柱射流类问题发散比率的预测精确度更高，而且对于旋转流动、强逆压梯度的边界层流动、流动分离和二次流有很好的效果。Realizable k-ε 模型的一个不足是在主要计算旋转和静态流动区域时，不能提供自然的湍流黏度。

5）标准 k-ω 模型

标准 k-ω 模型是基于 Wilcox k-ω 模型，为考虑低雷诺数、可压缩性和剪切流传播而修改的。Wilcox k-ω 模型预测了自由剪切流传播速率，如尾流、混合流、平板绕流、圆柱绕流和放射状喷射流，因而可以应用于墙壁束缚流动和自由剪切流动。标准 k-ω 模型的一个变形是 SST k-ω 模型，其在 FLUENT 软件中也是可用的。

6）SST k-ω 模型

SST k-ω 模型是 Menter 模型的进一步优化，以便在广泛的领域中可以独立于 k-ε 模型，使得在近壁自由流中 k-ω 模型有更广的应用范围和更高的精度。为了达到此目的，k-ε 公式变成 k-ω 公式。SST k-ω 模型和标准 k-ω 模型相似，但 SST k-ω 模型进行了大量改进，使得其比标准 k-ω 模型在广泛的流动领域中有更高的精度和可信度。

7）雷诺应力模型

在 FLUENT 软件中，雷诺应力模型是制作最精细的模型之一。放弃等方性边界速度假设，雷诺应力模型使得雷诺平均 N-S 方程封闭，解决了方程中的雷诺压力和耗散速率等问题。说明在二维流动中加入了四个方程，而在三维流动中加入了七个方程。由于雷诺应力模型比单方程模型和双方程模型更加严格地考虑了流线形弯曲、漩涡、旋转和张力快速变化，对于复杂流动有更高的精度预测潜力，但是这种预测仅限于与雷诺应力有关的方程。压力、张力和耗散速率是使雷诺应力模型预测精度降低的主要因素。使用雷诺应力模型会消耗更多的计算机资源，但是在考虑雷诺压力的各向异性时，必须使用该模型，如风流动、燃烧室高速旋转流、管道中二次流等。

3. 传热模型

热传递是一种复杂的物理现象，除了遵循热力学第一定律和第二定律外，还有其他特殊的规律。通常，按其物理本质的不同，可以把热传递分为传导、对流和辐射三种基本方式，激活传热模型对话框如图 1-35 所示。在 FLUENT 软件中有 5 种传热模型可以计算辐射换热问题，分别为离散换热辐射模型（Discrete Transfer Radiation Model，DTRM）、P1 辐射模型、Rosseland 辐射模型、表面（Surface to Surface，S2S）辐射模型和离散坐标（Discrete Ordinates，DO）辐射模型，如图 1-36 所示[13]。

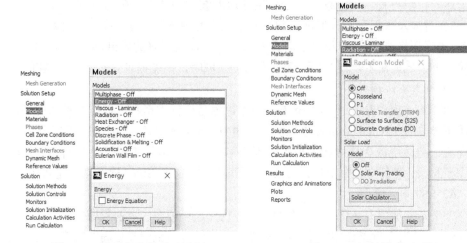

图 1-35　激活传热模型对话框　　　　　　　图 1-36　辐射模型对话框

4. 离散相模型

　　针对颗粒的分离与分级、气溶胶扩散过程、液体燃料燃烧等实际问题，FLUENT 软件中有适用于这些问题的离散相模型。除欧拉多相流模型外，还可以在拉氏坐标下模拟流场内的离散相。FLUENT 软件中的离散相模型可应用于假定第二相非常稀薄，分散相的颗粒体积分数很低，一般小于 90%，但颗粒质量承载率大于 90%，并且忽略颗粒与颗粒之间的相互作用、颗粒体积分数对连续相的影响等实际问题，在 FLUENT 软件中的操作如图 1-37 所示。

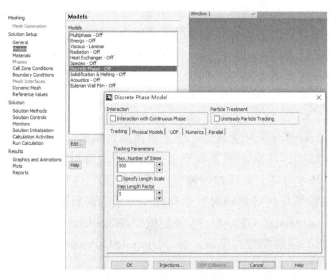

图 1-37　离散相模型设置对话框

5. 组分输运与化学反应模型

不同的组分输运与化学反应问题也具有相应的结算模型，在 FLUENT 软件中包括通用的有限速率模型、非预热混燃烧模型、预混燃烧模型、部分预混燃烧模型和 PDF 输运方程模型，如图 1-38 所示。

6. 凝固与融化模型

对于实际生活与工程中存在的凝固与融化问题，FLUENT 软件提供了如图 1-39 所示的凝固与融化模型，此类问题涉及物料相变。

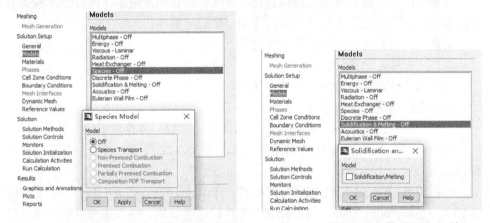

图 1-38　组分输运与化学反应模型设置对话框　　　　图 1-39　凝固与融化模型设置对话框

7. 声学模型

FLUENT 软件中声学模型可以用来预测空气动力学所产生的声学（acoustics）特性，如噪声。在 "Define→Models→Acoustics" 命令下，有 Models&Parameters、Sources、Receivers、Read&Compute Sound 四个命令，分别用于设置声学模型中的参数、声源、声音接收位置、读取和计算声压信号的有关文件。用户只需点击 "Models→Acoustics-Off" 即可弹出如图 1-40 所示的声学模型设置对话框，选中 "Ffowcs-Williams & Hawkings" 选项，即启动了声学模型[13]。

图 1-40　声学模型设置对话框

1.3.4　UDF 介绍与使用

1. UDF 技术

UDF 是 User-Defined Function 的简称，意为用户自定义函数，是一个在 C 语言基础上扩展了 FLUENT 软件特定功能后的编程接口。对于复杂的边界条件或用户自定义的方程源项，很难通过对话框输入给 FLUENT 软件，因此借助 UDF，用户可以使用 C 语言编写扩展 FLUENT 软件的程序编码，然后动态加载到 FLUENT 环境中，供 FLUENT 软件使用。UDF 的主要功能如下。

功能一：定制边界条件、材料属性、表面积和体积反应率、FLUENT 输运方程的源项、用户自定义的标量方程的源项、扩散函数等。

功能二：调整每次迭代后的计算结果。

功能三：初始化流场的解。

功能四：UDF 的异步执行（在需要时）。

功能五：强化后处理功能。

功能六：强化现有 FLUENT 模型（如离散相模型、多相流模型等）。

功能七：向 FLUENT 传送返回值、修改 FLUENT 变量、操作外部案例文件和 data 文件。

有两种将 UDF 导入 FLUENT 的方式，即编译 UDF（Compiling UDF）和解释 UDF（Interpreting UDF）。编译 UDF 的执行速度较快，也没有源代码限制，可以使用所有的 C 语言功能，一般用于大型的、对计算速度要求高的应用场合；解释 UDF 使用较为简单，但执行速度较慢，且只支持部分 C 语言功能，一般用于小型的、对计算速度要求不高的简单问题 [7]。在实际的应用中，需要根据具体的情况选择合适的 UDF 类型。

2. UDF 编写过程

1）UDF 程序编写步骤

第一步：根据实际问题所需模型得到 UDF 对应的数学模型；

第二步：用 C 语言源代码表达数学模型；

第三步：编译、调试 UDF 源程序；

第四步：单击 FLUENT 菜单栏中的"UDF"选项；

第五步：将得出结果与实际情况进行对比；

第六步：如不满足实际问题的要求，重复上述步骤，直至与实际情况吻合为止。

2）UDF 基本格式

编写 Interpreted 型和 Compiled 型中用户自定义函数的过程和书写格式一样。

其主要区别在于与 C 语言的结合程度：Compiled 型能够完全使用 C 语言的语法，而 Interpreted 型只能使用其中一小部分。由于有上述的差异，UDF 的基本格式可以归为以下三部分。

第一部分：定义恒定常数和包含库文件，分别由#Define 和#Include 陈述。

第二部分：使用宏 Define 定义 UDF 函数。

第三部分：承数体部分。

UDF 基本格式包含的库有 udfh、sg.h、mem.h、prop.h、dpm.h 等，其中 udfh 是必不可少的，其书写格式为 rinclude udfh，所有数值都应采用国际通用单位制，数体部分字母为小写。Interpreted 型基本格式只包含 FLUENT 支持的 C 语言语法和函数，FLUENT 提供的宏都以 Define_开始，对它们的解释包含在 udfh 文件中，所以必须包含库 udfh。

UDF 编译和连接之后，函数名就会出现在 FLUENT 相应的下拉列表内，如 DEFINEPROFILE.E (inlet_x_velocity, thread.position)，就能在相应的边界条件对话框内找到一个名为 inlet_x_velocity 的函数，选定后便可以使用。

3. UDF 使用

将编写好的 UDF 文件放至工作目录下，使用 UDF 的操作步骤：选择图 1-41 操作界面中的"Define→User-Defined→Functions→Interpreted…"命令，弹出如图 1-42 所示的 UDF 解释对话框，在 Source File Name 文本框中输入编写好的 UDF 文件名，单击"Interpret"，开始 UDF 的解释。若 UDF 函数不支持解释运行，需对其进行编译，首先需要安装 C/C++编译器，安装完成后，在如图 1-43 所示的对话框中选择"Define→User-Defined→Functions→Compiled…"命令，弹出如图 1-44 所示的 UDF 编译操作界面。

图 1-41　UDF 解释步骤对话框

图 1-42　UDF 解释对话框

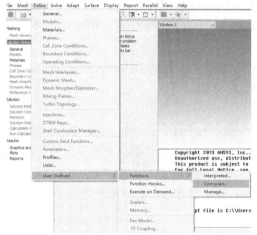

图 1-43　UDF 编译对话框　　　　　　　图 1-44　UDF 编译操作界面

UDF 编译操作界面左侧的 Source Files 列表用于增加和显示 UDF 程序,右侧的 Header Files 列表用于增加和显示需要的头文件。单击左侧 Source Files 列表下的"Add..."选项,在弹出的 Select File 对话框中查找需要加载的 UDF 文件,单击"OK"关闭 Select File 对话框。回到 UDF 编译操作界面中,即可发现 Source Files 列表中已经出现了加载进来的 UDF 文件名,此时需要在 Library Name 文本框中输入共享库的名字,并单击 Library Name 右侧的"Build"选项,建立一个共享库,同时编译 UDF 文件,并把编译好的 UDF 文件放入该共享库中。若编译正确,则可单击"Load"将编译好的 UDF 文件加载到当前工程中来应用[13]。

1.4　模　拟　算　例

1.4.1　算例 1:喷动床脱硫过程数值模拟

1. 介绍

喷动床流化技术广泛应用于干燥、粉碎、造粒、生物质与低品质煤的燃烧气化、燃煤烟气脱硫等能源与化工领域。本算例内容为含硫烟气通过粉-粒喷动床使用半干法技术进行脱硫过程数值模拟,床内包括气固两相流、水汽化和脱硫反应,过程较为复杂,涉及多相流问题。此算例从气固两相流、水汽化和脱硫反应两个案例进行分析,学习该算例有利于加强对流体流动问题和传热传质过程的理解。

2. 问题描述

模拟喷动床的床高为 260mm,床径为 53.5mm,进口喷嘴直径为 14.3mm,角度为 60°，该喷动床的二维几何模型如图 1-45 所示。二维几何模型是对称的，因此只需要对一半的喷动床进行建模和网格划分。气体进口速度为 9.8m/s，料浆进口速度为 0.026m/s。

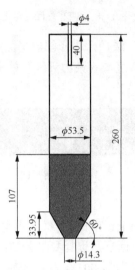

图 1-45　喷动床的二维几何模型（单位：mm）

3. 几何模型及网格划分

首先采用 GAMBIT 进行几何模型绘制和网格划分，得出计算模型。其次用 FLUENT 求解器对二维模型进行求解。最后对计算结果进行后处理，得出需要的图形或数据。

1）几何模型建立

启动 GAMBIT：单击"Run"启动软件，进入系统操作页面。GAMBIT 启动对话框如图 1-46 所示。

创建平面边界点：以二维喷动床下方进口的中点作为坐标原点，在 Global 文本框中对几何模型的一半进行边界点的创建，创建平面边界点如图 1-47 所示。

图 1-46　GAMBIT 启动对话框

图 1-47　创建平面边界点

创建平面边界线：单击"Vertices"选项，依次连接各点创建平面边界线，如图 1-48 所示。

图 1-48　创建平面边界线

创建平面：单击"Edges"选项，选择创建平面需要的几何单元。分别选择喷动床底部的 4 条边界线和床体区域 6 条边界线，单击"Apply"创建两个平面。创建平面如图 1-49 所示。

图 1-49　创建平面

2）网格划分

划分线网格：单击 Operation 中的"▦"，再单击 Mesh 中的"▱"，弹出如图 1-50 所示的 Mesh Edges 对话框，选择要划分的线。所有 Y 轴方向的边所对应的"Successive Ratio"数值设置为"1.005"，其余 X 轴方向的边所对应的"Successive Ratio"数值设置为 1，下方的"Spacing"选择"Interval count"进行线网格划分，如图 1-51 所示。

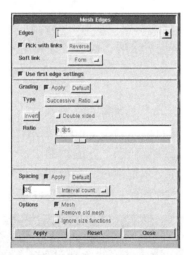

图 1-50　Mesh Edges 对话框

图 1-51　线网格划分情况

划分面网格：单击"▦"和"▱"，弹出 Mesh Face 对话框，选择要划分的面。分别对"Face 1"和"Face 2"进行面网格划分设置。对"Face 1"在"Elements"选项组中选择"Map"划分四边形的结构化网格，"Interval size"值为 2；对"Face 2"在"Elements"选项组中选择"Submap"划分不规则区域的结构化网格，"Interval size"值为 2。设置完成后单击"Apply"，面网格划分完毕。面网格划分情况如图 1-52 所示。

图 1-52　面网格划分情况

3）边界条件

设置边界条件：在如图 1-53 所示的 Specify Boundary Types 对话框中进行边界条件的设置。在 Name 文本框中输入"s-inlet"，选择 Type 为"VELOCITY_INLET"选项，然后在 Edges 中选择气体进口边界线，完成后单击"Apply"。同理，设置 outlet 边界条件类型为"OUTFLOW"，料浆的进口 ca-inlet 选择"VELOCITY_INLET"选项，设置对称轴两条线 axis 的边界条件类型为"AXIS"，其余边默认设置为"WALL"，完成边界条件的设置。

区域设置：在如图 1-54 所示的 Specify Continuum Types 对话框中设置流体区域。在 Name 文本框中输入"fluid"，选择区域类型为"FLUID"，在 Faces 文本框中选择"face.1"和"face.2"，完成区域设置。

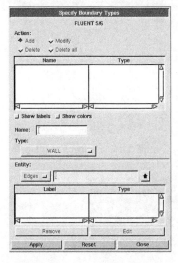

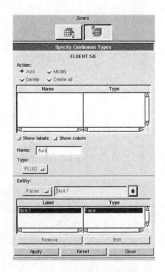

图 1-53　边界条件设置对话框　　　　　　图 1-54　区域设置对话框

图 1-55　网格输出对话框

4）网格输出

单击"File→Export→Mesh"命令输出网格文件。网格输出对话框如图 1-55 所示，在 File Name 文本框中输入"spouted bed.msh"，勾选"Export 2-D(X-Y) Mesh"定义输出模型为二维。最后单击"File→Save"命令输出网格。

4. 气固两相流设置和求解

1）网格

启动 FLUENT 求解器：选择维度为"2D"，单击"OK"启动求解器，如图 1-56 所示。

读入网格文件：在 FLUENT 中选择"File→Read→Mesh"，弹出 Select File 对话框，导入"spouted_bed.msh"文件，如图 1-57 所示。FLUENT 读入网格文件并在控制台报告进程，网格划分情况如图 1-58 所示。

图 1-56　启动 FLUENT 求解器

图 1-57　Select File 对话框

图 1-58　网格划分情况

　　检查网格质量：单击"Mesh→Check"命令。可以从控制框中看到求解器检查网格的部分信息。读入网格文件之后要对网格进行检查，确定最小体积（minimum volume）为正值。

　　修改网格尺寸：选择"Mesh→Grid→Scale"命令，弹出如图 1-59 所示的 Scale Mesh 对话框，对几何区域尺寸进行设置，检查计算域范围并对网格进行缩放。GAMBIT 导出的几何区域默认的尺寸单位都为 m，在"Mesh Was Created In"下拉列表框中选择"mm"选项，单击"Scale"更改几何模型单位，确保模型尺寸与实际物理尺寸一致，最后单击"Close"关闭对话框。

图 1-59　Scale Mesh 对话框

　　重排网格分区：选择"Mesh→Reorder→Domain"命令，对网格分区进行重新排列，令控制台中显示的"bandwidth reduction"等于 1。

　　2）模型

　　设置求解器参数：单击"Solution Setup→General"命令。喷动床基于压力基求解器瞬态过程求解，因此"Time"为"Transient"。选中"Gravity"，根据模型方向添加重力，此处选取 X 轴负方向为重力方向，大小为-9.81。网格设置为轴对称网格，求解器参数设置对话框如图 1-60 所示。

　　设置多相流模型：单击"Solution Setup→Models→Multiphase"命令。在"Multiphase Model"命令中选择"Eulerian"模型，"Number of Eulerian Phases"相数设置为 5。多相流模型设置对话框如图 1-61 所示。

图 1-60　求解器参数设置对话框

图 1-61　多相流模型设置对话框

激活能量方程：单击"Solution Setup→Models→Energy"命令，在"Energy"命令中激活能量方程，如图1-62所示。

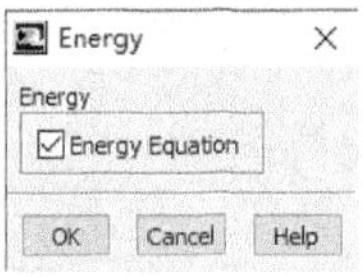

设置湍流模型：单击"Solution Setup→Models→Viscous"命令。在"Viscous Model"中选择湍流模型为标准"k-epsilon (2 eqn)"模型，壁面函数为Standard k-epsilon (2 eqn)。"Near-Wall Treatment"保持默认，

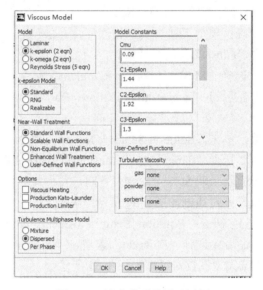

图1-62 激活能量方程对话框 即"Standard Wall Functions"，"Turbulence Multiphase Model"设置为"Dispersed"，湍流模型设置对话框如图1-63所示。

图1-63 湍流模型设置对话框

组分输运方程：单击"Solution Setup→Models→Species"命令，在"Species Model"中打开组分输运方程对话框，如图1-64所示。

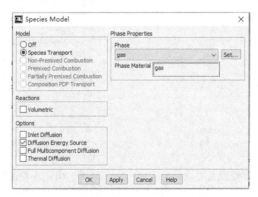

图1-64 组分输运方程对话框

3）材料

本案例涉及的流体材料包括颗粒 SiO_2、吸收剂 $Ca(OH)_2$、脱硫产物粉体 $CaSO_3$、$H_2O(g)$、$H_2O(l)$ 和气体，其中气体为含硫烟气，包括 SO_2、N_2 和 O_2。

单击"Solution Setup→Materials→(Create/Edit Materials)"命令设置材料属性。

第一步：在 Fluent Database Materials 中选择"fluid"流体类型，寻找 $H_2O(g)$、$H_2O(l)$ 和 SO_2 并添加到材料中，单击"Copy"后关闭 Fluent Database Materials 对话框，然后单击"Change/Create"。FLUENT 材料数据库如图 1-65 所示。

第二步：在 User-Defined Database…中读取自定义材料，插入 particle 中自定义的材料 SiO_2、$Ca(OH)_2$、$CaSO_3$，自定义材料添加过程对话框如图 1-66 所示。

图 1-65　FLUENT 材料数据库

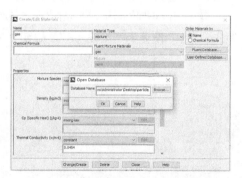

图 1-66　自定义材料添加过程对话框

第三步：双击"Mixture"，修改"Name"为"gas"，编辑混合气体材料，修改为 H_2O、O_2、SO_2、N_2，混合气体物性修改对话框如图 1-67 所示。

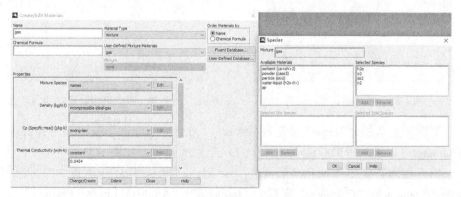

图 1-67　混合气体物性修改对话框

注意：Mixture Species 的顺序含义为前几个材料在最后一个材料中的占比，通常最后一相为含量最多的物质，因此 N₂ 需要放在最后一位。

4）多相

设置五相参数：单击"Solution Setup→Phases"命令设置五相参数。第一相为气体，单击"Phases"命令，设置"Phase-1-Primary Phase"的名称为"gas"，"Phase Material"选中"gas"，单击"OK"。气体相设置对话框如图 1-68 所示。

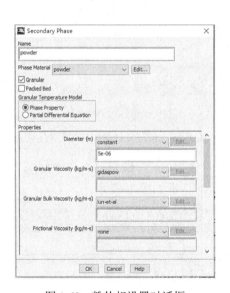

图 1-68　气体相设置对话框

第二相为粉体相，弹出 Secondary Phase 对话框，"Name"设置为"powder"，"Phase Material"选中"powder"，勾选"Granular"，"Diameter"设置为"5e-06"，"Granular Viscosity"设置为"gidaspow"模型，"Packing Limit"设置为"0.63"，其余参数保持默认设置，如图 1-69 所示。

第三相为吸收剂相，"Name"设置为"sorbent"，"Phase Material"选中"sorbent"，"Diameter"设置为"4.6e-06"，如图 1-70 所示。

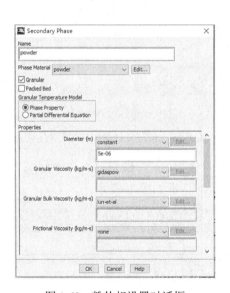

图 1-69　粉体相设置对话框

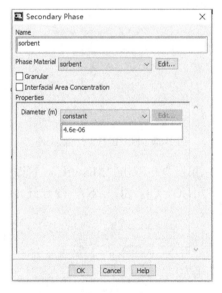

图 1-70　吸收剂相设置对话框

第四相为水相，"Name"设置为"water"，"Phase Material"选中"water-liquid"，"Diameter"设置为"0.00046"，单击"OK"完成设置，如图 1-71 所示。

第五相为颗粒相，"Name"设置为"particle"，"Phase Material"选中"particle"，勾选"Granular"，"Diameter"设置为"0.00046"，"Angle Of Internal Friction"设置为"28.7"，"Friction Packing Limit"设置为"0.549"，窗口下拉设置"Friction Packing

"Limit"为"0.551",其余参数设置保持不变。颗粒相设置对话框如图 1-72 所示。

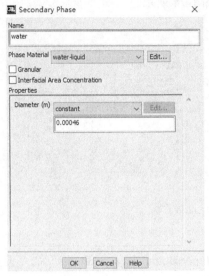
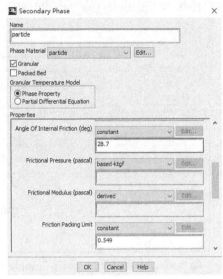

图 1-71   水相设置对话框   图 1-72   颗粒相设置对话框

　　设置相间参数：单击 Phases 中的"Phases Interaction"命令，打开相间参数设置对话框进行设置。

　　设置曳力模型：选择"Drag"修改"Drag Coefficient"中的颗粒"particle"与气体"gas"间作用力为"gidaspow"曳力模型，如图 1-73 所示。

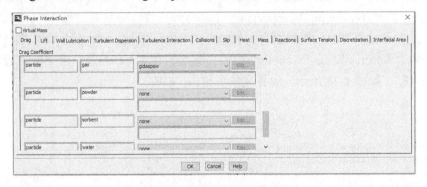

图 1-73   曳力模型设置对话框

　　设置碰撞系数：选择"Collisions"修改粉体间（"powder"和"powder"）碰撞系数为 0.3，颗粒间（"particle"和"particle"）碰撞系数为 0.9，粉体与颗粒间（"powder"和"particle"）碰撞系数为 0.6。

　　设置传热模型：单击"Define→User-Defined→Functions→Complied"命令导入传热模型。在弹出的对话框中选中"inlet&heattransfer.c"文件，导入 UDF 程序，

包括圆管内进口速度和传热模型。选择"Heat"修改颗粒与气体("particle"和"gas")间的传热为"particle_gas_heat::libudf",如图 1-74 所示。

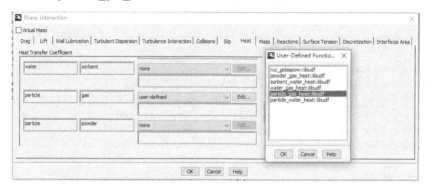

图 1-74　传热模型设置对话框

5）边界条件

烟气进口边界条件：单击"Solution Setup→Boundary Conditions"命令设置 gas-inlet 边界条件。单击菜单栏中的"Boundary Conditions"命令，并在 Boundary Conditions 对话框中选中"s-inlet"，"Type"设置为"velocity-inlet"，"phase"设置为"gas"，单击"Edit"，弹出如图 1-75 所示的 Velocity Inlet 对话框，在"Velocity Specification Method"中选择"Magnitude, Normal to Boundary"，"Velocity Magnitude"选择之前导入 UDF 中的"udf inlet_gas_2::libudf"，"Specification Method"选择"Intensity and Hydraulic Diameter"，湍流强度(Turbulent Intensity)和水力学直径(Hydraulic Diameter)通过计算得到其数值分别为"2%"和"0.0143m"。单击"Thermal"，气体温度设置为 520K，再单击"Species"，根据含硫烟气的实际情况，"Species Mass Fractions"中的"O_2"设置为"0.23264"，"SO_2"设置为"0.00118"，如图 1-76 所示，设置完成后单击"OK"。

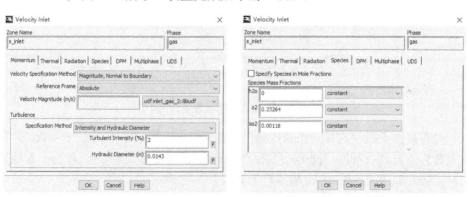

图 1-75　烟气进口边界条件设置对话框　　　图 1-76　混合气体含量设置对话框

操作条件：单击"Define→Operating Conditions"命令设置操作条件。在弹出的 Operating Conditions 对话框中，将"Operating Temperature"设置为 300K，其余参数保持默认设置，操作条件设置对话框如图 1-77 所示。

6）求解

求解精度：单击"Solution→Solution Methods"命令设置求解精度。在"Spatial Discretization"中设置求解精度，设置"Momentum"和"Turbulent Kinetic Energy"

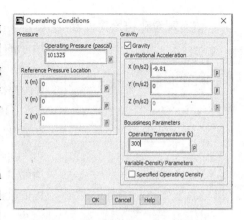

图 1-77　操作条件设置对话框

的求解精度为"Second Order Upwind"，其余参数保持默认设置，如图 1-78 所示。

求解控制参数：单击菜单栏中的"Solution Controls"命令，弹出 Solution Controls 对话框，松弛因子保持默认设置，单击"Equations…"取消选中的"Energy""gas H_2O""gas O_2""gas SO_2"，单击"OK"完成设置，如图 1-79 所示。

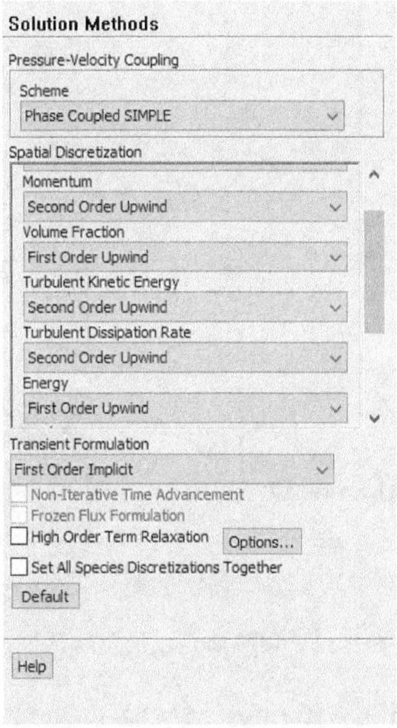

图 1-78　求解精度设置对话框 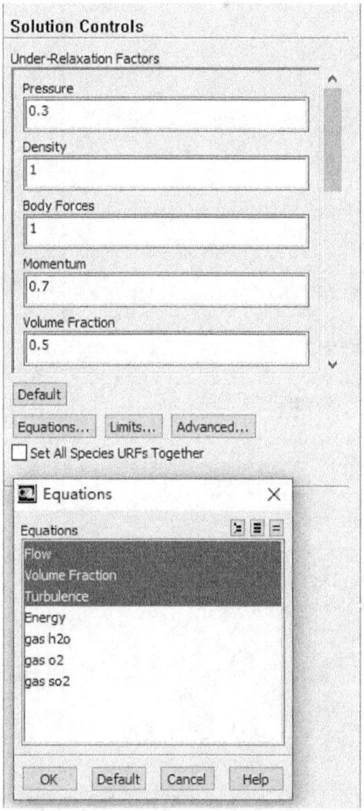　　　　图 1-79　求解控制参数设置对话框

填充颗粒和初始化设置：①单击"Adapt→Region"建立填充域，弹出如图 1-80 所示的 Region Adaption 对话框，建立颗粒填充部分的域，填充高度为 0.107m，因此设置"X Max"为 0.107m，"Y Max"为 0.03m，单击"Mark"进行填充。②单击"Solution→Solution Initialization"进行初始化。单击菜单栏中的"Initialization"命令，单击"Initialize"进行初始化，初始化对话框如图 1-81 所示。③单击"Solution→Solution Initialization→Patch…"填充颗粒。单击菜单栏中的"Initialization"命令，单击"Patch"对颗粒进行床层内填充，在"Phase"下拉选项中选择"particle"，在"Variable"中选择"Volume Fraction"，设置"Value"填充体积分数为"0.551"，并在"Registers to Patch"中选择事先建立好的填充域，颗粒填充域设置对话框如图 1-82 所示。

图 1-80　填充域设置对话框

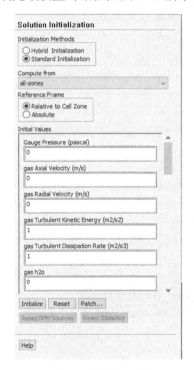

图 1-81　初始化对话框

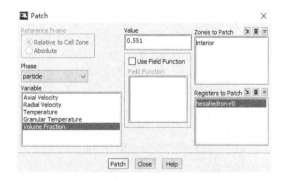

图 1-82　颗粒填充域设置对话框

保存工况文件：单击"Solution→Calculation Activities"命令，设置"Autosave Every(Time Steps)"保存时间步长为 5000，并设置好保存路径及名称。

开始求解：单击"Solution→Run Calculation"命令，在弹出的 Run Calculation 对话框中，设置"Time Step Size(s)"为"2e–05"，"Number of Time Steps"为"250000"，单击"Calculate"开始计算。

7）后处理

显示颗粒体积分数云图：迭代收敛后，单击"Graphics and Animations→Graphics→Contours"命令，"Contours of"选择"Phases…"和"Volume fraction"，"Phase"选择"particle"，单击"Display"显示颗粒体积分数云图，具体设置如图 1-83 所示。为了观察喷动床气固两相流过程是否稳定，需读取不同时刻的颗粒体积分数云图进行观察，颗粒体积分数随时间的变化云图如图 1-84 所示。观察发现，5s 时喷动床气固两相流已经达到稳定状态。在气固两相流达到稳定喷动状态后加入水汽化和脱硫反应过程。

图 1-83　Contours 对话框

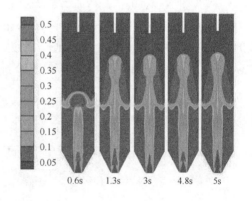

图 1-84　颗粒体积分数随时间的变化云图

5. 水汽化及脱硫反应设置和求解

在上述算例的基础上，当气固两相流达到稳定状态时，添加水汽化过程，此时不需要进行重新初始化，添加后直接计算即可。水汽化的同时伴随着脱硫反应，但为了保证计算收敛，将水汽化过程与脱硫反应过程分开讨论，水汽化过程达到稳定状态后加入脱硫反应。

1）相间参数

添加曳力模型 Drag：单击"Solution Setup→Phases→Interaction Phases"命令，选择"Drag"命令，设置"Drag Coefficient"中的颗粒与气体（particle 和 gas）间

作用力为"Wen-Yu"曳力模型，粉体与颗粒（powder 和 particle）间作用力为"Syamlor-Obrien-Symmetric"曳力模型，颗粒与水相（particle 和 water）、水相与吸收剂（water 和 sorbent）、颗粒与吸收剂（particle 和 sorbent）间作用力都为"Symmetric"模型。

添加传热模型 Heat：选择"Heat"命令，修改粉体与气体（powder 和 gas）间传热模型为"powder_gas_heat"，吸收剂与水相（sorbent 和 water）间传热模型为"sorbent_water_heat"，气体与水相（gas 和 water）间传热模型为"gas_water_heat"，水相与颗粒（water 和 particle）间传热模型为"particle_water_heat"，其传热模型均为用户自定义函数。图 1-74 中导入的 UDF 包含以上传热模型，直接应用即可。

添加传质模型 Mass：单击"Define→User-Defined→Functions→Interpreted"命令，在弹出的对话框中选中"masstransfer.c"文件，导入 UDF 程序，包括水汽化和脱硫反应的传质模型。选择"Mass"命令，增加"Number of Mass Transfer Mechanisms"为"4"相，包括水汽化、SO_2 吸收、吸收剂溶解扩散和粉体生成过程。

水汽化过程中的"Mass Transfer 1"为"water"汽化进入"gas"中的"$H_2O(g)$"，传质方程为"classical_model"；SO_2 吸收过程中的"Mass Transfer 2"为"gas"中的"SO_2"进入"water"，传质方程为"gas_2_water_react"；吸收剂溶解扩散过程中的"Mass Transfer 3"为"sorbent"进入"water"，传质方程为"sorbent_2_water_react"；粉体生成过程中的"Mass Transfer 4"为"water"进入"powder"，传质方程为"water_2_powder_react"。相间传质设置对话框如图 1-85 所示。

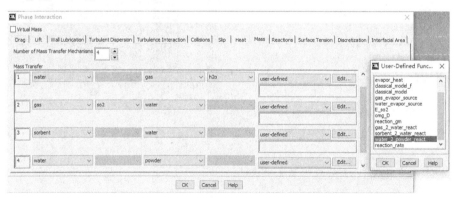

图 1-85　相间传质设置对话框

2）设置源项

打开"Cell Zone Conditions"，在"Phase"选中"gas"，打开"Source Terms"，单击"Energy"中的"Edit…"选项，弹出 Energy sources 对话框，令"Number of Energy sources"为 1，从下拉列表导入 UDF 中的"udf gas_evapor_source"。同上，在"Phase"选中"water"，选择"Source Terms→Energy→Number of Energy sources"命令，并

设置其等于 1，导入 UDF 中的 "udf water_evapor_source"。气相源项的添加对话框如图 1-86 所示。

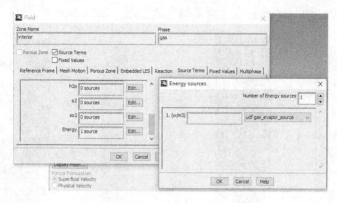

图 1-86　气相源项的添加对话框

3）边界条件

水汽化过程中料浆进口只有水相，当水汽化过程达到稳定时，料浆进口设置为水相和吸收剂的混合物，在料浆进口处添加吸收剂，添加后不需要重新初始化，直接进行计算，直至脱硫反应过程稳定。

水汽化过程：单击 "Solution Setup→Boundary Condition" 命令。料浆进口为 "inlet-wuliao"，在 "Phase" 选中 "water"，设置水进口速度为 0.026m/s，水相体积分数为 0.989，水汽化边界条件设置对话框如图 1-87 所示。

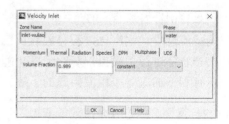

图 1-87　水汽化边界条件设置对话框

脱硫反应过程：料浆进口设置为水和吸收剂的混合物，在 "Phase" 选中 "sorbent"，吸收剂进口速度与水进口速度保持一致，吸收剂体积分数设置为 0.011，吸收剂边界条件设置对话框如图 1-88 所示。

图 1-88　吸收剂边界条件设置对话框

4）后处理

水汽化过程：显示水汽化速率云图，如图 1-89 所示。

脱硫反应过程：显示脱硫产物体积分数云图，如图 1-90 所示。

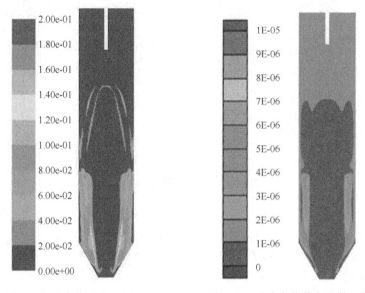

图 1-89 水汽化速率云图   图 1-90 脱硫产物体积分数云图

6. 总结

本算例针对粉-粒喷动床半干法烟气脱硫技术进行数值模拟计算，床内包括气固两相流过程、水汽化过程和脱硫反应过程。对床层内的流体流动和多相之间的传热传质都进行了模拟，观察云图了解模拟结果。对喷动床烟气脱硫过程的模拟计算有利于加深对多相流问题的了解。

1.4.2 算例2：管道冲蚀数值模拟

1. 介绍

弯管是改变流体流动方向的主要管件，广泛应用于能源与化工领域，如石油和天然气输送设备、化工流体设备等。由于其结构的特殊性，常因冲蚀而导致失效，本算例的主要目的是演示弯管内的冲蚀现象，通过本算例的学习了解离散相模型和冲蚀模型的应用与相关参数的设置。

2. 问题描述

弯管示意图如图 1-91 所示，弯管直径 D 为 100mm，直管部分长度均为

1000mm，弯管的弯曲半径为 150mm（$R=1.5D$），空气和颗粒从 Inlet 进入管道，从 Outlet 流出管道。

3. FLUENT 设置

1）启动 FLUENT

从开始菜单中选择"FLUENT"，设置启动界面参数，如图 1-92 所示，设置"Dimension"为"3D"，"Working Directory"设置为当前工作路径。

图 1-91　弯管示意图　　　　　　　　　　　　　　图 1-92　启动界面

2）读取网格文件

单击"File→Read→Mesh"命令，读取 E:\xu\elbow-anli\mesh\elbow.msh。

3）General 设置

单击模型树节点"General"，弹出 General 参数面板，如图 1-93 所示。

对参数面板进行如下设置。

（1）Scale...设置：单击参数面板中的"Scale..."，弹出 Scale Mesh 对话框，如图 1-94 所示，设置"Mesh Was Created In"项为"mm"，单击"Scale"缩放计算域网格尺寸，保证其与实际管道尺寸相同，设置"View Length Unit In"项为"mm"。

图 1-93　General 参数面板

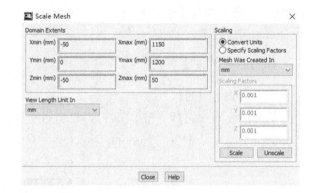

图 1-94　Scale Mesh 对话框

（2）Check 设置：单击"Check"，输出网格信息，如图 1-95 所示，确保网格最小体积（minimum volume）为正值。

```
Domain Extents:
   x-coordinate: min (m) = -5.000000e-02, max (m) = 1.150000e+00
   y-coordinate: min (m) = 0.000000e+00, max (m) = 1.200000e+00
   z-coordinate: min (m) = -5.000000e-02, max (m) = 5.000000e-02
Volume statistics:
   minimum volume (m3): 1.145236e-08
   maximum volume (m3): 7.677240e-08
     total volume (m3): 1.751459e-02
Face area statistics:
   minimum face area (m2): 2.584197e-06
   maximum face area (m2): 4.493093e-05
Checking mesh.....................................
Done.
```

图 1-95　网格信息检查

注意：若计算域出现负体积网格单元，软件会给出错误信息。

（3）Gravity 设置：激活选项"Gravity"，设置重力加速度为 Y 方向-9.81m/s^2，如图 1-96 所示。

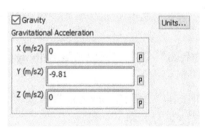

图 1-96　设置重力加速度对话框

4）Models 设置

（1）湍流模型选择：单击模型树节点"Models"，在右侧"Models"列表中双击"Viscous"，弹出湍流模型设置对话框，如图 1-97 所示，选择"Model"为"k-epsilon (2 eqn)"。

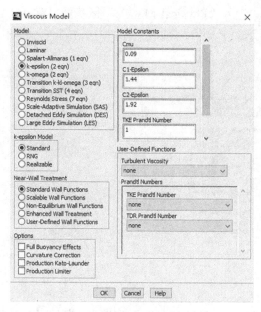

图 1-97　湍流模型设置对话框

（2）离散相模型设置：选择"Models→Discrete Phase Model"命令，弹出离散相模型设置对话框，如图 1-98 所示，激活"Interaction with Continuous Phase"，设置"Max. Number of Steps"参数为"500000"。

注意：将"Max. Number of Steps"设置为一个较大的值，可保证计算域内的颗粒能追踪完毕。

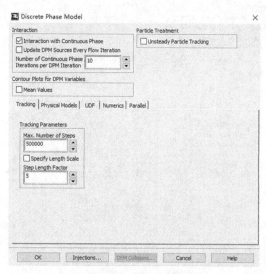

图 1-98　离散相模型设置对话框

　　冲蚀模型选择：进入"Physical Models"标签页，激活"Erosion/Accretion"选项，如图 1-99 所示。

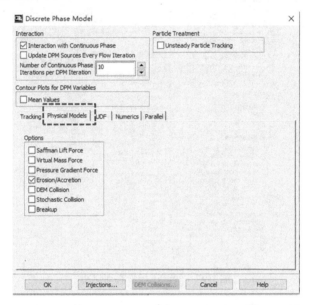

图 1-99　冲蚀模型选择对话框

　　颗粒注入设置：单击图 1-99 中的"Injections…"选项，打开颗粒注入设置对话框，如图 1-100 所示。

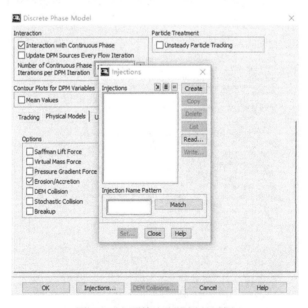

图 1-100　颗粒注入设置对话框

单击图 1-100 中的"Create"，弹出颗粒注入属性设置对话框，如图 1-101 所示，设置"Injection Type"为"surface"，设置"Release From Surfaces"为"inlet"，设置"Y-Velocity"为 10m/s，设置"Diameter"为 0.3mm，设置"Total Flow Rate"为 0.02kg/s。

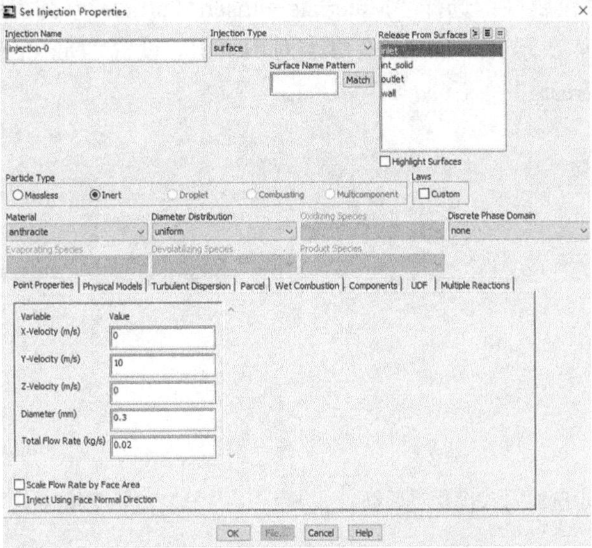

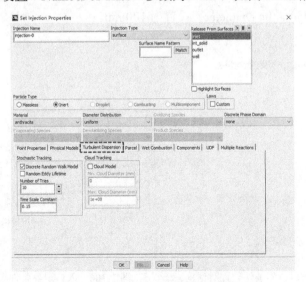

图 1-101　颗粒注入属性设置对话框

湍流分散参数设置：进入"Turbulent Dispersion"选项卡，激活"Discrete Random Walk Model"，设置"Number of Tries"参数为"10"，如图 1-102 所示。

图 1-102　湍流分散参数设置对话框

5）Materials 设置

（1）设置管道壁面材料：选择"Materials→Solid→Fluent Solid Materials"，修改管道壁面材料为钢，如图 1-103 所示。将"Name"修改为"steel"，清空"Chemical Formula"项，"Density"设置为 7990 kg/m³，点击"Change/Create"。

（2）设置颗粒属性：选择"Materials→Insert Particle"，弹出颗粒属性设置对话框，如图 1-104 所示。将"Name"修改为"sand"，设置"Density"为 2650kg/m³，点击"Change/Create"。

图 1-103　管道壁面材料设置对话框　　　图 1-104　颗粒属性设置对话框

6）边界条件设置

（1）入口边界条件设置：单击"Boundary Conditions→inlet"，如图 1-105 所示。然后单击"Edit…"，打开入口边界条件设置对话框，如图 1-106 所示。"Velocity Magnitude"设置为 10m/s，"Specification Method"设置为"Intensity and Hydraulic Diameter"，"Hydraulic Diameter"设置为 100mm。

图 1-105　打开入口边界条件设置对话框　　　图 1-106　入口边界条件设置对话框

（2）出口边界条件设置：单击图 1-107 中的"Boundary Conditions→outlet"，修改出口边界条件为"pressure-outlet"，弹出出口边界条件设置对话框，如图 1-108 所示。"Specification Method"设置为"Intensity and Hydraulic Diameter"，"Backflow Hydraulic Diameter"设置为 100mm。

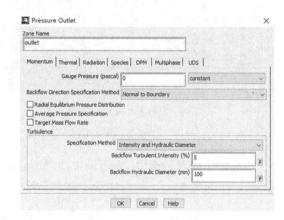

图 1-107　修改出口边界条件设置对话框　　　　图 1-108　出口边界条件设置对话框

（3）壁面边界条件设置：本算例主要对壁面边界条件中的 DPM 项进行设置。单击"Boundary Conditions→wall"，进行壁面设置，如图 1-109 所示，单击"Edit…"，打开壁面边界条件设置对话框，如图 1-110 所示。单击"DPM"选项，进行壁面反弹函数和冲蚀模型参数的设置。

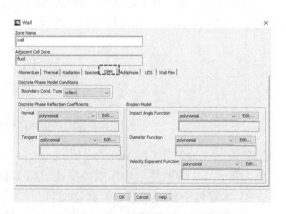

图 1-109　壁面设置对话框　　　　　　　　图 1-110　壁面边界条件设置对话框

① 法向反弹系数设置：单击图 1-110 壁面边界条件设置对话框中"Normal"后面的"Edit..."，具体法向反弹系数按照以下公式设置，如图 1-111 所示。

$$\varepsilon_{\mathrm{N}} = 0.993 - 0.0307\alpha + 4.75\times10^{-4}\alpha^2 - 2.61\times10^{-6}\alpha^3$$

② 切向反弹系数设置：单击图 1-110 壁面边界条件设置对话框中"Tangent"后面的"Edit..."，具体切向反弹系数按照以下公式设置，如图 1-112 所示。

$$\varepsilon_{\mathrm{T}} = 0.998 - 0.029\alpha + 6.43\times10^{-4}\alpha^2 - 3.56\times10^{-6}\alpha^3$$

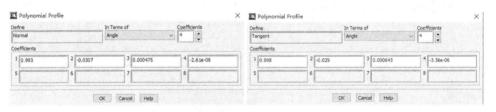

图 1-111　法向反弹系数设置对话框　　　　图 1-112　切向反弹系数设置对话框

③ 冲击角函数设置：本算例中冲击角函数设置为分段线性方式，数据如表 1-2 所示。

表 1-2　冲击角函数数据

点	角度/ (°)	值
1	0	0
2	20	0.8
3	30	1
4	45	0.5
5	90	0.4

将图 1-110 中"Impact Angle Function"的类型修改为"piecewise-linear"，修改冲击角函数类型对话框如图 1-113 所示。

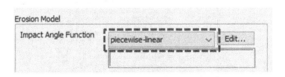

图 1-113　修改冲击角函数类型对话框

单击图 1-110 中"Impact Angle Function"后面的"Edit..."进行冲击角函数设置，将表 1-2 中的冲击角函数数据按照图 1-114 进行设置，共设置 5 次。

④ 本算例中粒径函数保持默认即可。

⑤ 速度指数函数设置：单击图 1-110 中"Velocity Exponent Function"后面的"Edit..."，将速度指数函数设置为"2.41"，如图 1-115 所示。

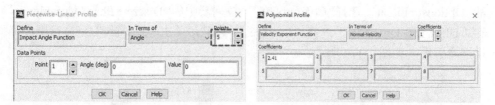

图 1-114 冲击角函数设置对话框 图 1-115 速度指数函数设置对话框

7）初始化及计算设置

（1）初始化设置：单击模型树节点"Solution Initialization"进行初始化设置，如图 1-116 所示。选择"Initialization Methods"为"Standard Initialization"，选择"Compute from"为"inlet"，单击"Initialize"进行初始化。

（2）计算设置：单击模型树节点"Run Calculation"进行计算设置，如图 1-117 所示。设置"Number of Iterations"为"1000"，单击"Calculate"开始计算，收敛时，自动停止计算。

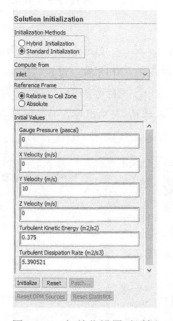

图 1-116 初始化设置对话框 图 1-117 计算设置对话框

4. FLUENT 计算结果后处理

1）查看壁面冲蚀速率

单击模型树节点"Graphics and Animations"进行结果后处理，单击"Graphics and Animations→Graphic→Contours"打开云图设置对话框。如图 1-118 所示，激

活"Options→Filled",选择"Contours of"下拉列表中的"Discrete Phase Variables…"和"DPM Erosion Rate",选择"Surfaces→wall",单击"Display"可显示壁面冲蚀速率云图,如图 1-119 所示。

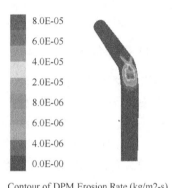

Contour of DPM Erosion Rate (kg/m2-s)

图 1-118　云图设置对话框　　　　　　图 1-119　壁面冲蚀速率云图

2)查看颗粒轨迹

单击模型树节点"Graphics and Animations",单击"Graphics and Animations→Particle Tracks",打开颗粒轨迹设置对话框。如图 1-120 所示,设置"Color by"为"Particle Variables…"和"Particle ID",设置"Skip"为合适的值,本算例为"100",选择"Release from Injections"为"injection-0",单击"Display"可显示颗粒运动轨迹图,如图 1-121 所示。

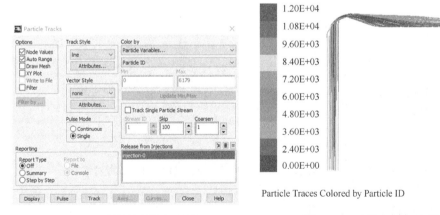

Particle Traces Colored by Particle ID

图 1-120　颗粒轨迹设置对话框　　　　　图 1-121　颗粒运动轨迹图

注意:通过命令"File→Export→Particle History Data…"输出颗粒数据,可以在其他软件中查看颗粒冲蚀情况。

参 考 文 献

[1] 陈保卫. 鼓泡塔内液相流体流动和返混现象的 CFD 模拟[D]. 天津: 天津大学, 2004.

[2] 张建文, 杨振亚, 张政. 流体流动与传热过程的数值模拟基础与应用[M]. 北京: 化学工业出版社, 2009.

[3] 陶文铨. 数值传热学[M]. 2 版. 西安: 西安交通大学出版社, 2000.

[4] 王福军. 计算流体动力学分析: CFD 软件原理与应用[M]. 北京: 清华大学出版社, 2004.

[5] 孙少华, 祁力钧, 王俊, 等. FLUENT 软件及其在植保机械方面的应用[J]. 农机化研究, 2006, 9(3): 187-188.

[6] BOYALAKUNTLA D S. Simulation of granular and gas-solid flows using discrete element method[D].Pittsburgh: Carnegie Mellon University, 2003.

[7] SHAO S D, LO E Y M. Incompressible SPH method for simulating Newtonian and non-Newtonian flows with a free surface[J]. Advances in Water Resources, 2003(26): 787-800.

[8] 赵国清. 基于离散单元法对转子在颗粒物质中的阻力特性研究[D]. 兰州: 兰州大学, 2020.

[9] 王国强, 郝万军, 王继新. 离散单元法及其在 EDEM 上的实践[M]. 西安: 西北工业大学出版社, 2010.

[10] 胡国明. 颗粒系统的离散元素法分析仿真: 离散元素法的工业应用与 EDEM 软件简介[M]. 武汉: 武汉理工大学出版社, 2010.

[11] 雷琨. 基于 CFD_DEM 法的矩形喷动床内颗粒喷动特性研究[D]. 天津: 天津科技大学, 2017.

[12] 黄振宇. 旋流效应下喷动床内气固两相流动规律数值模拟[D]. 西安: 西北大学, 2019.

[13] 朱红钧. FLUENT 15.0 流场分析实战指南[M]. 北京: 人民邮电出版社, 2015.

第2章 颗粒流体力学模拟

2.1 计算颗粒流体力学

流态化技术是利用流体流动的作用,将固体颗粒群悬浮起来,使颗粒具有某些流体的表观特征,利用这种接触方式,实现生产过程的操作。流态化技术使颗粒与流体充分接触,有利于质量和热量传递;同时,颗粒群运动类似于流体流动,易于实现连续化和自动化。目前,流态化技术在各领域得到广泛应用,如化工、炼油、冶金、能源、原子能、材料、轻工、生化、机械、环保等[1]。随着对流态化现象认识的加深,现已研究出流化床、移动床、浮动床等形式,并设计开发出多种类型的流态化装置与工艺过程。

流态化过程的物理-化学机理极为复杂。一方面,颗粒群在流体作用下相互搅混,伴随有强烈的传热与传质,流体-固体颗粒群体系的"三传一反"机理相互影响,宏观上具体体现为流态化装置的总体运行特性,如能耗、反应物转换效率、设备局部高温、局部磨损等;另一方面,工业应用的流态化装置特征尺寸通常在10m 量级(颗粒粒径在 $10^{-3} \sim 10^{-6}$ m 量级),跨尺度效应导致反应器内的流化不均匀现象更易出现,对装置及其工艺条件的适应性要求更为严格。颗粒-流体系统的微观作用机制和宏观运动的复杂性,给工业级流态化装置的设计研发与运行维护提出了重大挑战。

工业级流态化装置的单位时间物料处理量大且常年运行,即使小幅提升装置生产效率或降低故障检修频次,都将显著提高装置的经济效益。因此,生产企业及相关研发单位迫切需要具备精确、有效、快速的技术手段,用于评价装置设计方案的可行性和生产过程中原料特性与工艺条件匹配的合理性[2]。

计算颗粒流体动力学(computational particle fluid dynamics,CPFD)方法,可以针对工业级流态化装置的内部颗粒反应流进行三维瞬态模拟计算,以分析流态化过程及其传热、传质效果,并为装置结构与工艺条件优化提供依据[3]。该方法在欧拉-拉格朗日仿真体系内,将颗粒和流体间的相互作用紧密耦合,能够更真实地模拟"颗粒-流体"构成的流态化系统。CPFD 方法专注于工业级流态化过程的模拟,因此在核心算法先进性、物理与化学模型完备性、工艺条件处理合理性、操作易用性和计算分析快速性等方面进行了系统性设计,使之成为专业高效的计算分析工具。

在欧拉-拉格朗日仿真体系内,CPFD 方法发展了多相粒子云(multi-phase

particle-in-cell，MP-PIC）方法，对颗粒相进行双重处理，并优化颗粒相和流体相耦合算法，使得计算鲁棒性优良，不易发散。双重处理模式是指计算过程中，根据颗粒相计算物理量的不同，将颗粒分别用连续介质模式和离散体介质模式进行模化。在计算颗粒流体力学作用时，CPFD 方法将颗粒映射到流体网格单元上，转化为欧拉模式下的应力梯度，对颗粒相互作用力进行计算，然后插值到离散颗粒体上，而颗粒相的其他属性则在离散颗粒的位置处进行计算。CPFD 方法设计了一种插值算子，使计算速度提高，且能够保证全局和局部的动量、质量和能量守恒。

工业级流态化装置的颗粒处理量非常庞大（颗粒数量在 $10^{16} \sim 10^{20}$），在现有的计算能力下，基于拉格朗日框架的要求，对每一个真实颗粒的动量、能量、组分变化求解并不现实。CPFD 方法采用颗粒团技术，即"计算颗粒"模型。"计算颗粒"模型的原理是采用一个颗粒团代表属性相同的一个或者若干个真实颗粒，用数量（百万或千万量级）合理的颗粒团近似表征整个系统内所有的真实颗粒。

CPFD 方法采用欧拉-拉格朗日方式进行流态化数值模拟，因此可以对系统内的稀相-密相区域进行统一求解，更符合物理过程的真实情况。传统 CFD 方法针对不同问题选用不同的技术路线，因此需要人为定义两种流动模式：密相流动模式（颗粒体积分数≥10%）和稀相流动模式（颗粒体积分数<10%）。对于密相问题，颗粒浓度对流动有显著影响，采用欧拉-欧拉法进行模拟；对于稀相问题，在假设颗粒相对流体相质量守恒方程无影响和忽略颗粒间相互作用的前提下，采用离散相模型（discrete phase model，DPM）方法进行模拟。实际的各类流态化反应器中，不同位置的颗粒流动状态有显著差异，整个系统中颗粒密集区和稀疏区共存[4]。CPFD 方法采用统一的多相流模拟框架，可以计算从固体颗粒很稀（颗粒体积分数<0.1%）的情况到非常稠密（接近堆积状态的颗粒体积分数）的情况，从计算方法上消除颗粒体积分数人为界定的影响，使计算结果更加精确可靠。

2.2　Barracuda 软件

1. Barracuda 软件界面

Barracuda 软件界面如图 2-1 所示，包括顶部标题栏、左侧的树状条工作区和右侧的建模主界面区三个主要部分。标题栏包含进行项目文件的新建、打开和保存，生成网格，启动计算和快速后处理等功能的下拉菜单和快捷按钮；树状条工作区体现了整个建模、计算和分析流程；建模主界面区包含了所有模型参数的输入选项。

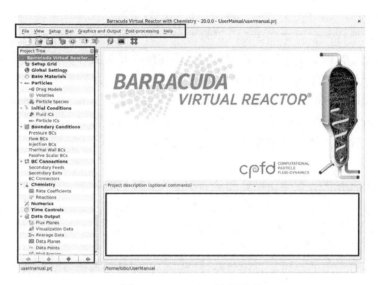

图 2-1　Barracuda 软件界面

2. 划分网格

建模流程的第一步是导入 CAD 几何结构模型并划分与生成流体域网格，如图 2-2 所示，在 Import Grid 功能界面完成。Barracuda 软件支持 STL 几何结构文件，并完全采用笛卡儿网格，因此具有较高的网格生成效率。

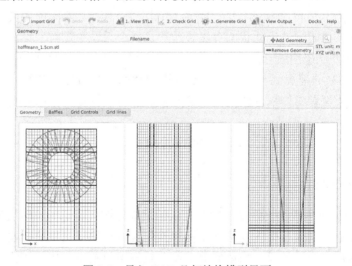

图 2-2　导入 CAD 几何结构模型界面

3. 全局设置

图 2-3 为全局设置（Global Settings）界面，全局设置包含重力加速度设置、

传热模型设置和化学反应设置。当传热模型设置中选择恒温流模拟时，需要设置操作温度；反之，可以设置传热模型相关参数。

图 2-3　全局设置界面

　　进行传热和化学反应模拟时，经常会先进行恒温无反应的模拟，待稳定后再打开传热模型和化学反应模型。Barracuda 在全局设置中也提供了同样的功能选项，可以在需要时启动传热模型和化学反应模型。

　　4. 基础材料与物性设置

　　图 2-4 为基础材料与物性设置界面，可以对模拟需要的气、液、固等相似物质及其相关物理、化学属性进行设置。Barracuda 软件支持各项物质属性以常数或函数方式输入，并提供了常见物质的物性库。

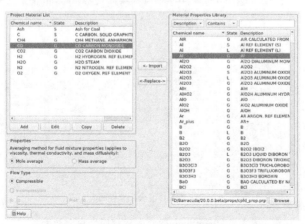

图 2-4　基础材料与物性设置界面

5. 颗粒属性设置

Barracuda 软件中需要设置的颗粒属性（图 2-5）包括：颗粒间作用力模型、颗粒-流体相间曳力模型、颗粒化学组分设置、颗粒粒径分布设置和颗粒挥发分模型等。

（a）颗粒间作用力模型界面

（b）颗粒-流体相间曳力模型界面

（c）颗粒化学组分设置界面　　　　　　　　　　（d）颗粒粒径分布设置界面

（e）颗粒挥发分模型界面

图 2-5　Barracuda 软件中颗粒属性设置界面

6. 初始条件

在流体初始条件中需要设置初始温度、压力、速度和流体组分含量，对整个流体域可以分区域设置流体初始条件，图 2-6 为流体初始条件设置界面。

若初始时刻设备中已经含有颗粒，可以通过颗粒初始条件予以设置。在所需区域设置颗粒的质量、体积分数或颗粒数，以及颗粒初始温度，图 2-7 为颗粒初始条件设置界面。

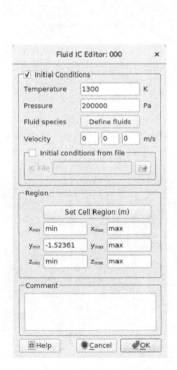

图 2-6　流体初始条件设置界面

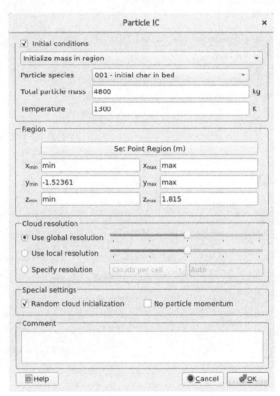

图 2-7　颗粒初始条件设置界面

7. 边界条件

Barracuda 软件边界条件设置（图 2-8）有四类，分别为压力边界、流动边界、热壁面边界和射流边界。一般来说，压力边界用于流体出口，流动边界用于流体入口，对于如流体分布板或喷嘴一类的特殊入口，则建议采用射流边界。

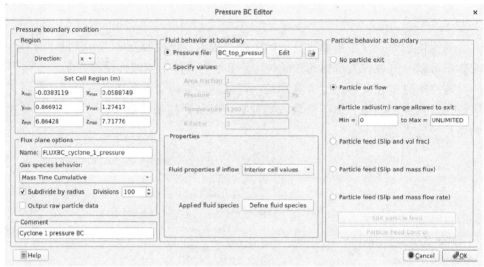

（a）压力边界条件设置界面

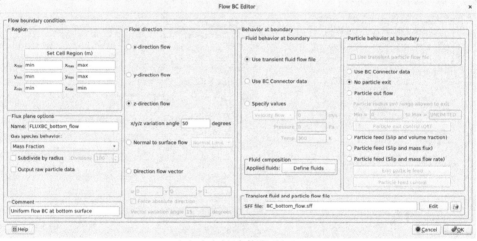

（b）流动边界条件设置界面

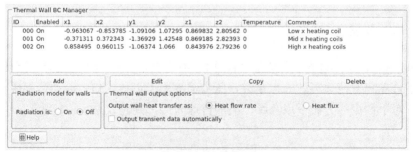

（c）热壁面边界条件设置界面

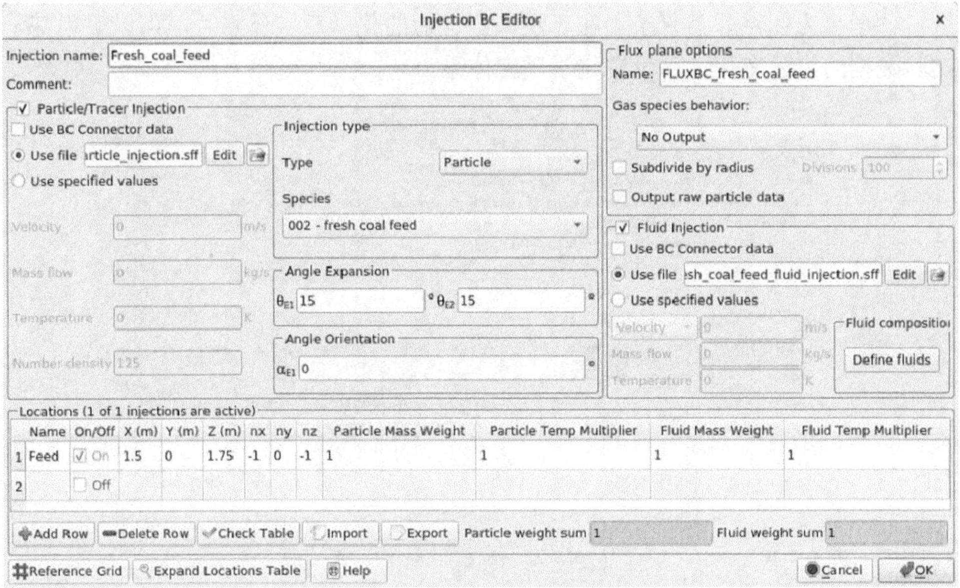

（d）射流边界条件设置界面

图 2-8　Barracuda 软件边界条件设置界面

除热壁面边界条件外，其余边界条件均可设置流体与颗粒的边界行为参数，包括流体压力、温度、流速或质量流率、流体组成、颗粒质量流率、颗粒速度、颗粒体积分数和颗粒温度等。热壁面边界支持不同壁面区域的恒温壁面边界，暂不支持热流率边界。

8. 化学反应设置

化学反应设置分为两部分：化学反应系数设置、化学反应方程和反应动力学设置。在化学反应系数设置（图 2-9）中，除可以选择阿伦尼乌斯系数和多项式系数外，还可以输入化学反应系数与温度的关系表格。对于复杂的颗粒化学反应，Barracuda 软件支持自定义表达式计算化学反应系数。

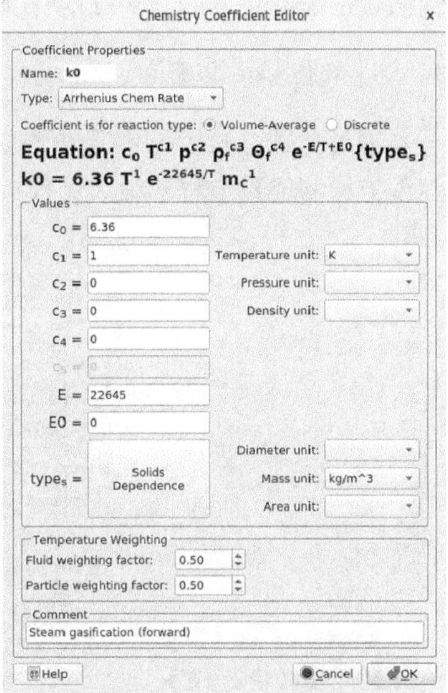

图 2-10 为化学反应方程和反应动力学设置界面，可以输入化学反应方程式，以及进行相应的反应动力学设置。在煤化工等领

图 2-9　化学反应系数设置界面

域，化学反应体系非常复杂，在无法确定合适的化学反应体系时，可以采用基于实验数据的组分变化速率设置化学反应体系。

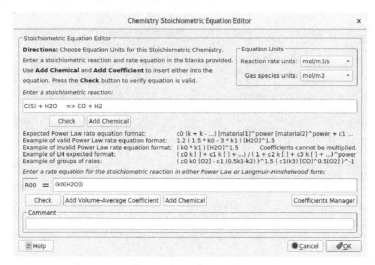

图 2-10　化学反应方程和反应动力学设置界面

Barracuda 软件还支持基于流体网格的体积平均反应速率设置和基于颗粒的离散反应速率设置，其中体积平均反应速率的计算效率更高。但是对于颗粒反应，离散反应速率可以获得更高的计算精度。

9. 数值算法设置

通过如图 2-11 所示的数值算法设置界面，可以输入质量守恒方程、压力方程、速度方程和能量方程的最大迭代次数和收敛残差。

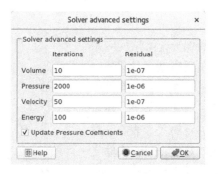

图 2-11　数值算法设置界面

10. 数据输出设置

开始模拟计算之前，设置需要保存的计算数据，以供后处理和数据分析使用。

Barracuda 软件支持自定义监控面、监控点、时均数据统计、颗粒群数据、壁面与颗粒磨损等多种数据输出，图 2-12 为数据输出设置界面。

图 2-12　数据输出设置界面

11. 求解计算

Barracuda 软件支持颗粒计算的 GPU 加速，以及对化学反应的 CPU 并行加速，可以在求解计算设置界面中选择，图 2-13 为求解计算设置界面。

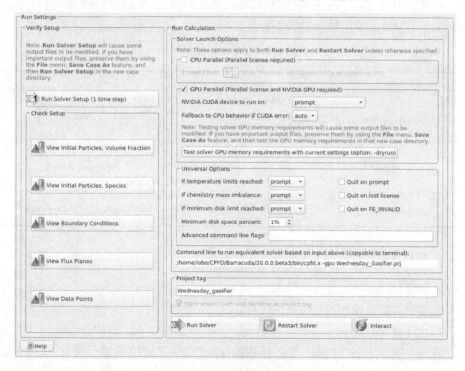

图 2-13　求解计算设置界面

12. 结果后处理

Barracuda 软件通过开源的 GMV 或商业后处理软件 Tecplot 进行三维图像处理及数据分析。除了 GMV 和 plt 格式，Barracuda 软件还以 txt 的文本格式保存监控面和颗粒群数据，可以使用 C/C++和 Python 等高级编程语言进行更加复杂的数据统计分析和图像化处理。

2.3　模拟算例：粉煤气化炉模拟

1. 介绍

本算例主要通过 Barracuda 软件模拟等温条件、无化学反应、几何结构简化的煤气化模型，模型运行速度快，可用于评估整体运行条件的变化。通过本算例的学习，可以了解 Barracuda 软件的基本设置过程，加强对煤气化过程与流化行为的理解。

2. 问题描述

本算例中没有化学反应发生，操作温度为1300K。新鲜煤进料位置为$x=1.45\text{m}$，$y=0\text{m}$，$z=1.75\text{m}$。操作参数如表 2-1 所示。

表 2-1　操作参数表

Boundary	Fluid Flow	Particle Flow
Fluidizing Air + Steam	Velocity = 0.3m/s Gas (mass fractions): 0.3H_2O、0.54 N_2、0.16 O_2	None
Fresh Coal Feed	Velocity = 0.25m/s Gas (mass fractions): 0.77 N_2、0.23 O_2	Fresh coal at 1kg/s
Cyclone Diplegs	Controlled by BC Connector	Controlled by BC Connector

3. 颗粒属性

1）颗粒堆积率
床层中的颗粒堆积率为 0.6。
2）进料煤颗粒
进料煤颗粒为多种材料，包括释放的挥发物颗粒组成（质量分数）：碳（0.45）、灰分（0.05）和挥发物（0.5），总颗粒密度为 1450kg/m³；挥发物组成（质量分数）：

CH_4（0.4144）、CO（0.1702）、CO_2（0.0444）、H_2（0.111）、H_2O（0.26），挥发物释放速率预期值为 0.05 T exp（−5500/T）。PSD 文件包含在名为"psd_fresh_coal_feed_particles.sff"的"my_setup"文件夹中。

3）初始床颗粒

假设颗粒已经脱挥发分，颗粒组成（质量分数）：碳（0.8999）、灰分（0.1）和挥发物（0.0001），总颗粒密度为 725kg/m³，PSD 文件包含在名为"psd_initial_char_in_bed.sff"的"my_setup"文件夹中。颗粒材料属性中，假设碳和灰分的密度都为 2150kg/m³。

4）初始条件

初始床层质量为 4800kg，床层中充满氮气，压力为 200kPa。

4. 几何模型建立和网格设置

1）几何模型建立

创建 Barracuda 文件：启动 Barracuda 软件，如图 2-14 所示新建工程文件，文件名称为"Tusday-Gasifer.prj"，点击"OK"，进入 Barracuda 界面。

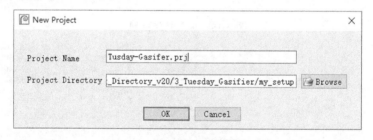

图 2-14　新建工程文件对话框

2）网格设置

在进行模拟设置与计算前，先要划分网格，将要计算的几何区域进行离散化，提高计算的准确性。

（1）导入几何模型：点击"Setup Grid"进入网格生成器窗口，点击"Geometry"选项，选择"Add STL file"添加几何图形，并使用文件浏览器选择 STL 文件"gasifier_tuesday.stl"导入几何模型，如图 2-15 所示。

（2）单位设置：导入的 STL 文件没有单位，因此要先设置单位。双击 STL 文件列表中的 STL 文件名，弹出如图 2-16 所示的 STL 几何信息窗口。用于建模的气化炉直径为 10ft（1ft=3.048×10⁻¹m），但 STL 文件的 x-Min 和 x-Max 值分别为−60 和 59.9378，因此 STL 的单位为英寸，单位在如图 2-17 所示的网格控制窗口中设置。单击"Grid Controls"选项卡，首先验证 STL 文件单位和显示单位是否设置为"in"。其次单击"Set uniform grid"，将"Total number cells"设置为"24000"，点击"OK"生成网格。其中，x 轴和 y 轴方向上各有 20 个单元，z 轴方向上有 60 个单元，这些网格单元的边长都为 6ft。

图 2-15　导入几何模型

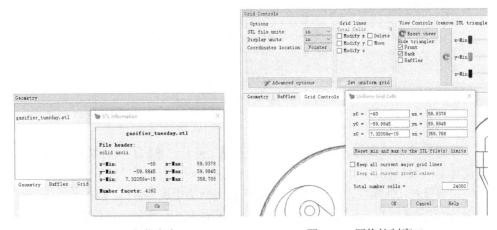

图 2-16　STL 几何信息窗口　　　　　图 2-17　网格控制窗口

（3）网格生成：点击"Generate Grid"生成网格，然后点击"View Output"，在下拉菜单中选择"View grid"，也可使用快捷方式"View CAD"，查看原始的 STL 几何图形。几何图形提供了在网格生成器创建任何单元之前 STL 的技术绘图视图，查看对气化器 STL 应用统一网格的结果，可点击"Transparent Model"，Tecplot 视图将变为如图 2-18 所示的网格划分并处理后的气化炉透明视图。

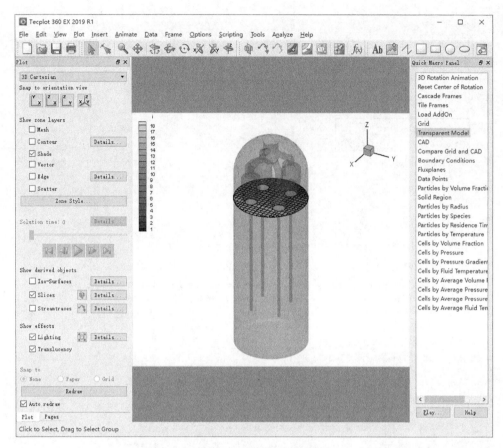

图 2-18　气化炉透明视图

3）全局设定

单击"Global Settings"，弹出如图 2-19 所示的全局设置窗口，该算例中重力在 -z 的方向，重力加速度为 9.8m/s^2，并选择"Isothermal flow"，温度为 1300K，无传热，无化学反应。

4）基础材料

单击"Base Materials"，设置在模拟中将要使用的所有材料，如图 2-20 所示。根据工艺设计和颗粒特性，需要从右侧材料库"Material Properties Library"中导入以下材料：Ash（选择 C_1，命名为"Ash"）、Carbon（选择 C_1，命名为"C"）、Methane（选择 CH$_4$_2，命名为"CH$_4$"）、CO、CO$_2$、H$_2$、H$_2$O、N$_2$ 和 O$_2$。

Global Settings

Gravity settings

x Gravity   0   m/s²

y Gravity   0   m/s²

z Gravity   -9.8   m/s²

Thermal settings

⦿ Isothermal flow   1300   K

○ Thermal flow   Heat transfer coefficients

Thermal start options

Start with Thermal: ⦿ On   ○ Off (turn on at restart)

Starting temperature: 300   K

Temperature warning limits

Minimum temperature warning (K): 100   Maximum temperature warning (K): 6000

☐ Output minimum and maximum temperatures in system to MinMaxTemp.data log file

Chemistry settings

This feature allows chemistry to be set up, but not calculated until a later time by turning it on using time controls or a restart file. Note: This feature applies to **Volatiles** as well as all **Chemistry Reactions**.

Start with Chemistry: ⦿ On

○ Off, ramp on from   0   s to   0   s

○ Off (can be turned on at restart)

Help

图 2-19　全局设置窗口

图 2-20　材料设置窗口

5）颗粒设定

（1）颗粒设置：点击"Particles"，弹出如图 2-21 所示的颗粒设置窗口。将"Close pack volume fraction"设置为"0.6"；"Maximum momentum redirection from collision"设置为"40%"；法向壁动量保持系数"Normal-to-wall momentum retention"设置为"0.85"，表示颗粒从壁面上"反弹"后能够保持的颗粒动量的最大法向分量；切向壁动量保持系数"Tangent-to-wall momentum retention"设置为"0.85"，表示颗粒从壁面上"反弹"后可以保持的颗粒动量的最大切向分量；"Diffuse bounce"设置为最大值"5"，表示颗粒从墙壁上"反弹"后的散射量。

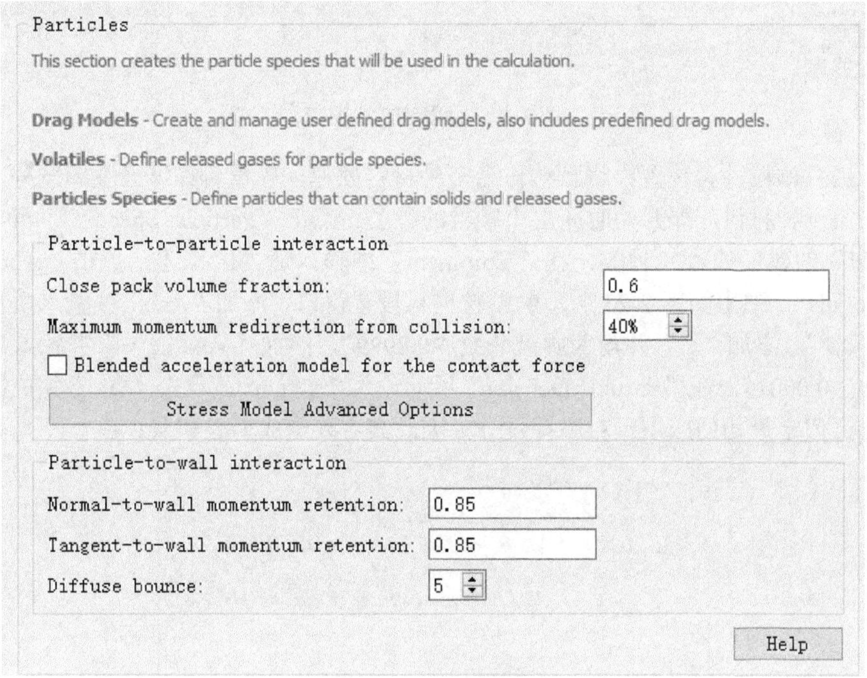

Particles

This section creates the particle species that will be used in the calculation.

Drag Models - Create and manage user defined drag models, also includes predefined drag models.

Volatiles - Define released gases for particle species.

Particles Species - Define particles that can contain solids and released gases.

Particle-to-particle interaction

Close pack volume fraction: 　0.6

Maximum momentum redirection from collision: 　40%

☐ Blended acceleration model for the contact force

Stress Model Advanced Options

Particle-to-wall interaction

Normal-to-wall momentum retention: 　0.85

Tangent-to-wall momentum retention: 　0.85

Diffuse bounce: 　5

Help

图 2-21　颗粒设置窗口

（2）挥发物定义：新煤颗粒中捕获的挥发性物质和释放的气体。根据颗粒性质，挥发物成分（质量分数）为 CH_4（0.4144）、CO（0.1702）、CO_2（0.0444）、H_2O(0.111)、H_2O(0.26)。点击"Add"，弹出如图 2-22 所示的挥发物定义窗口，在"Name"中输入"Volatiles"，"Specific heat(Cp)"中输入 1000J/kg K，"c_0"中输入"0.05"，"c_1"中输入"1"，"E"中输入"5500"，点击"Release gases"，添加挥发物及其质量分数，单击"OK"完成设置。

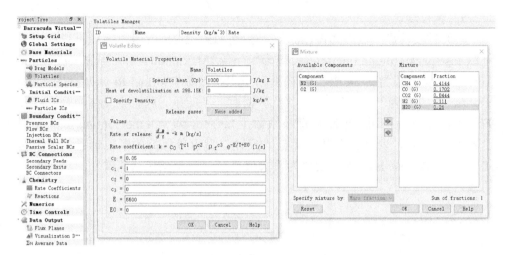

图 2-22　挥发物定义窗口

（3）颗粒种类设置：将颗粒作为多种材料处理，假设新鲜煤已脱挥发分。先定义第一种材料，即开始时床层中颗粒的种类。点击"Particle Species"，再单击"Add"创建新的颗粒种类，在"Comment"中输入适当的描述，点击"Applied Materials"，弹出如图 2-23 所示的颗粒材料设置窗口。添加"Ash"并输入质量分数"0.1"，添加"C"并输入质量分数"0.8999"，添加"Volatile…"并输入质量分数"0.0001"，在"Particle Density"手动输入 725kg/m³，点击"OK"完成。由于已经假定最初的床层颗粒脱挥发分，因此其主要组成为碳和灰。

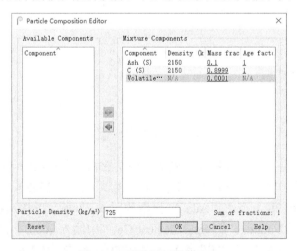

图 2-23　颗粒材料设置窗口

（4）设置粒度分布：如图 2-24 所示，打开"psd_initial_char_in_bed.sff"文件，点击"Edit"，查看 PSD 文件，该模型采用"Wen-Yu"曳力模型。图 2-25 为粒度

分布设置窗口。

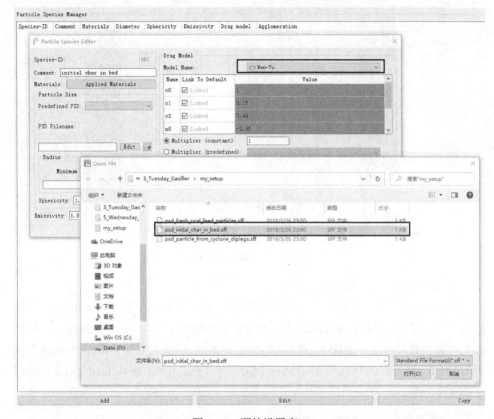

图 2-24　颗粒设置窗口

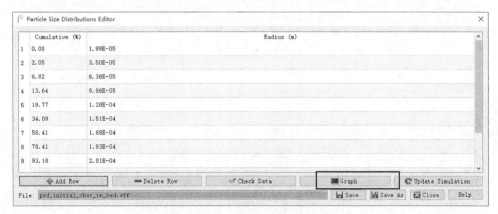

图 2-25　粒度分布设置窗口

（5）点击粒度分布设置窗口中的"Graph"，可以显示粒度分布图形，如图 2-26
所示。

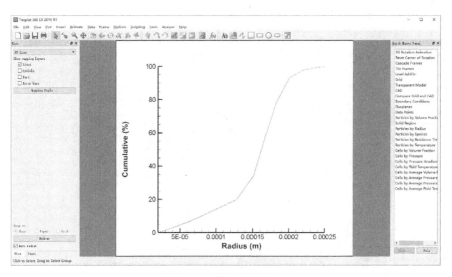

图 2-26　粒度分布图形

6）新鲜进料煤的颗粒种类定义

在如图 2-27 所示的颗粒种类设置窗口中，点击"Add"，在"Comment"中输入描述，点击"Applied Materials"，弹出颗粒组成编辑器，指定新鲜煤进料的组成（质量分数）：Ash（0.05）、C（0.45）、Volatile···（0.5），"Particle Density"中输入 1450kg/m³，点击"OK"。最后选择 PSD 文件"psd_fresh_coal_feed_particles.sff"设置粒度分布。

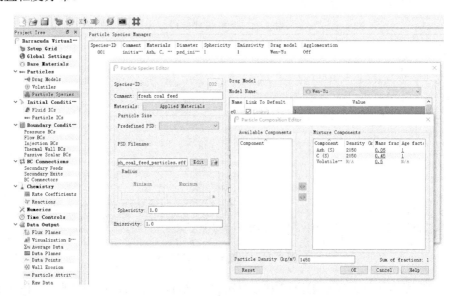

图 2-27　颗粒种类设置窗口

7）初始条件

（1）流体初始条件：如图 2-28 所示，点击左侧的"Fluid IC Editor:000"，选择默认流体种类，将流体初始压力设置为 $2.0 \times 10^5 Pa$，流体种类为 N_2。这部分系统已经设置了域的最小值和最大值。

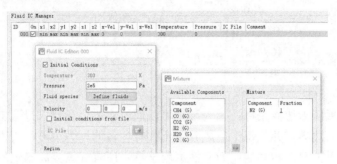

图 2-28　流体初始条件设置窗口

（2）颗粒初始条件：开始时，床层中的颗粒是焦炭（脱挥发分的煤），按质量定义该区域中的初始颗粒。点击"Particle IC"，再点击"Add"，弹出一个颗粒初始化窗口，选择初始化区域中的体积分数。"Particle species"项选择"001- initial char in bed"，"Total particle mass"设置为 4800kg，颗粒的具体位置按照图 2-29 所示进行设置，再点击"OK"完成。

图 2-29　颗粒初始条件设置窗口

（3）计算初始床层高度：本算例的目标初始床层质量为4800kg。在Barracuda软件中，通过x、y、z位置指定单元中的初始化颗粒，4800kg的目标床层质量需要5.95ft的初始床层高度（容器直径为10ft，颗粒密度为725kg/m³，初始体积分数为0.5）。为了便于设置初始颗粒，使用5.95ft或1.815m的床层高度。

$$初始颗粒体积 = \frac{4800\text{kg}}{0.5 \times 725\text{kg/m}^3} \approx 13.24\text{m}^3 \approx 467.6\text{ft}^3$$

$$初始颗粒高度 = \frac{467.6\text{ft}^3}{\pi(5\text{ft})^2} \approx 5.96\text{ft}$$

8）边界条件

（1）设置压力边界条件：因为颗粒可以通过旋风分离器入口逸出，将喇叭入口处作为压力边界，并且每个旋风分离器都有各自的压力边界，所以需要为每个气旋确定边界位置，相同的压力文件可用于指定所有旋风分离器中的压力边界。点击"Pressure BCs"，再点击"Add"弹出如图2-30所示的选择边界条件位置窗口，点击"Select Region"确定正确的边界条件位置，单击并拖动鼠标指针，在几何图形中选择压力边界的面，输入压力边界的x、y、z位置。

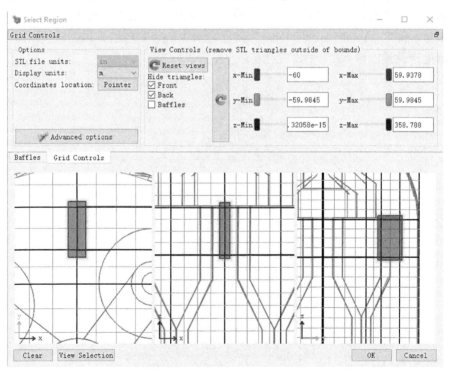

图2-30　选择边界条件位置窗口

（2）设置压力边界的通量面：为每个旋风分离器的压力边界选择合适的方向，即垂直于边界表面，再为每个压力面输入一个易于识别的通量面名称。为便于后处理期间检查通量面文件数据，如图 2-31 所示，建议用"FLUX-BC-"的格式命名（文件名中避免空格）。选择通过通量面气体种类信息中的"Mass Time Cumulative"，便于监控进入旋风分离器的气体成分，使用"Subdivide by radius"功能获取通过通量面夹带的颗粒粒度信息，可在"Comment"中输入描述性注释。

（3）设置旋风分离器 1 的压力边界条件（图 2-32）：单击"Edit"，在时间零点输入 2.0×10^5 Pa 的压力，将文件保存为"BC-top-pressure.sff"，指定剩余旋风分离器的压力时，单击文件目录并选择该文件。将流体种类定义为质量分数为 1 的 N_2，选择"No particle exit"以不允许颗粒通过边界逸出。

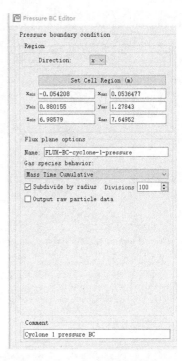

图 2-31　压力边界的通量面设置窗口

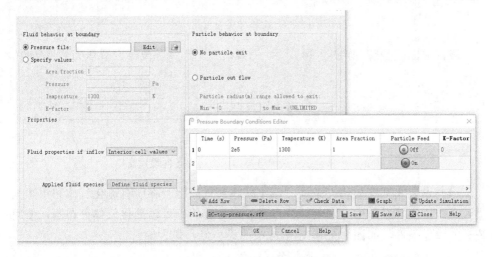

图 2-32　旋风分离器 1 的压力边界条件设置窗口

根据表 2-1 设置流体种类，如图 2-33 所示。

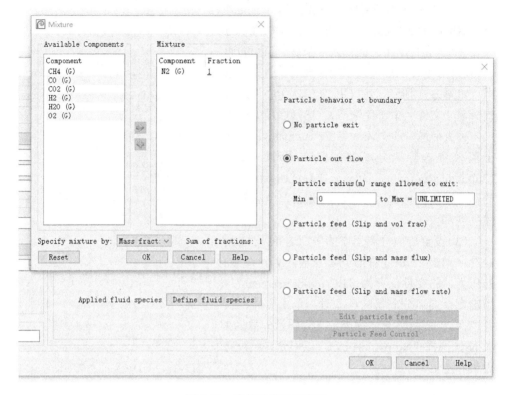

图 2-33　流体种类设置窗口

遵循前面的步骤，如图 2-34 所示，为其余三个旋风分离器设置压力边界条件。

图 2-34　其余三个旋风分离器压力边界条件设置窗口

（4）设置底部流动边界条件：流化床底部气流用于将所有流化气体和水蒸气引入系统。实际系统中存在气体分布器，但本算例中可以简化气体分布器，使用统一的边界条件，如图 2-35 指定区域中的最小值和最大值。

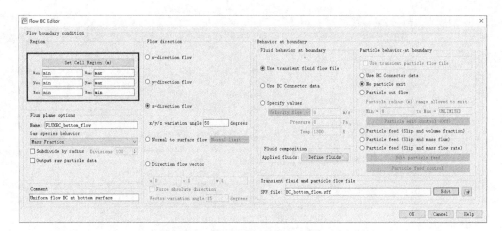

图 2-35　底部流动边界条件设置窗口

根据表 2-1 中的数据，指定底部气流边界的流速和气体成分，设置如图 2-36
所示。

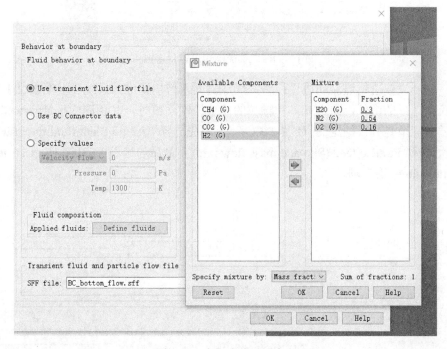

图 2-36　底部流体设置窗口

使用瞬变（.sff）文件指定底部流体质量流量，以便于交互式地更改流速，如
图 2-37 所示。

图 2-37　底部流动边界设置窗口

（5）设置进料煤流动边界：新鲜煤从侧面入口位置进入系统，根据表 2-1 定义流动边界的流体，定义流体和颗粒的流量控制系数时，注意流体质量流率和颗粒质量流率是分开规定的。如图 2-38 所示，首先选择"Use transient fluid flow file"，其次选择"Particle feed (Slip and mass flow rate)"，最后勾选右上方的"Use transient particle flow file"项。

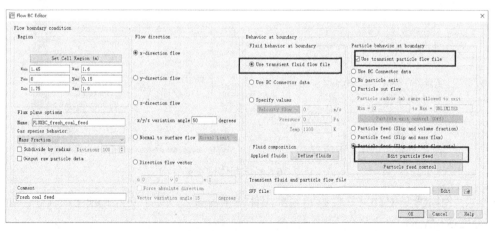

图 2-38　进料煤流动边界设置窗口（一）

先选择"Edit particle feed"指定进料颗粒的种类,再点击"Edit",并使用表 2-1 中的数据创建瞬态流体文件和颗粒流文件,如图 2-39 所示。

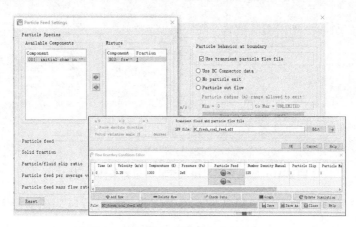

图 2-39　进料煤流动边界设置窗口(二)

(6)设置旋风分离器浸入管流动边界:在旋风分离器浸入管上定义流动边界以保持系统质量。将每个入口喇叭压力边界与其相应浸入管流动边界相连接的浸入管连接器安装在随后的滑道上。每个浸入管需要一个单独的流动边界,在"Set Cell Region"对话框中选择浸入管底面,在"Name"中输入名称,确保为每个浸入管的流动边界定义一个合适的通量面名称,如图 2-40 所示。边界处的流体行为和粒子行为选择"Use BC Connector data",设置如图 2-41 所示。

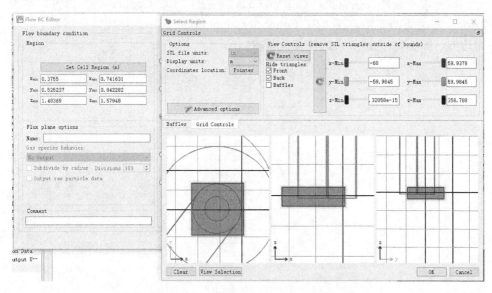

图 2-40　旋风分离器浸入管流动边界设置窗口

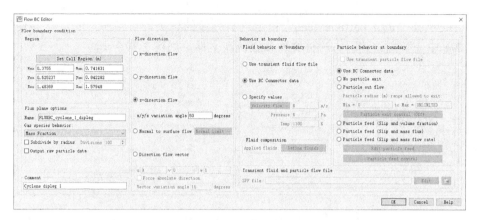

图 2-41　旋风分离器浸入管底部边界条件设置窗口

图 2-42 为浸入管底部边界条件，确保创建的所有旋风分离器浸入管流量的边界。

图 2-42　浸入管底部边界条件

（7）边界条件连接设置：在 Barracuda 软件的"BC Connectors"部分，单击"Add"定义新的连接。在"BC Connector Input Editor"中选择旋风分离器 1 的压力边界，图 2-43 为边界条件连接设置窗口。

图 2-43　边界条件连接设置窗口（一）

选择"BC Connection Output"，设置本算例中旋风分离器 1 浸入管的流动边界。如图 2-44 所示，将"Fluid volume fraction limit"设置为"0.5"，限制从旋风分离器入口喇叭压力边界返回浸入管流动边界的流体量和颗粒。

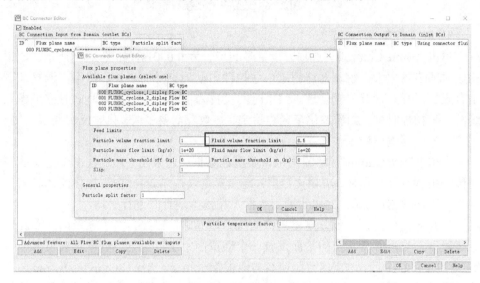

图 2-44　边界条件连接设置窗口（二）

如图 2-45 所示，在对话框中心的"Name"处定义一个名称（边界连接的通量面文件的名称），"Comment"处输入注释，选择"Draw connectors for post-processing"。重复上述步骤，为其余三个旋风分离器添加"BC Connectors"边界连接，图 2-46 为边界条件连接。

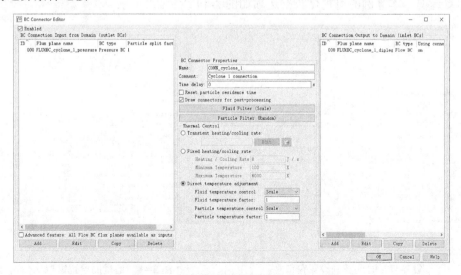

图 2-45　边界条件连接设置窗口（三）

ID	Enabled	Name	Time delay	Reset particle residence time	Inputs	Fluid filter	Particle filter	Thermal Control	Outputs	Comment
000	on	CONN_cyclone_1	0	off	FLUXBC_cyclone_1_pressure	Scale	Random	Legacy	FLUXBC_cyclone_1_dipleg	Cyclone 1 connection
001	on	CONN_cyclone_2	0	off	FLUXBC_cyclone_2_pressure	Scale	Random	Legacy	FLUXBC_cyclone_2_dipleg	Cyclone 2 connection
002	on	CONN_cyclone_3	0	off	FLUXBC_cyclone_3_pressure	Scale	Random	Legacy	FLUXBC_cyclone_3_dipleg	Cyclone 3 connection
003	on	CONN_cyclone_4	0	off	FLUXBC_cyclone_4_pressure	Scale	Random	Legacy	FLUXBC_cyclone_4_dipleg	Cyclone 4 connection

图 2-46　边界条件连接

9）时间控制

单击"Time Controls"选项，设置时间步长为 0.0001s，如图 2-47 所示。如果初始时间步长太大，解算器将根据内置控件自动调整时间步长。然而，调整范围是有限的，开始设置尽量合理。结束时间设置为 100s，设置结束时间时需考虑系统的各种物理时标，如流态化多久能稳定、热效应需要多久、化学反应要多久等。

10）数据输出选项

点击"Data Output"，将输出以下类型的数据。通量面：通过模型中定义的平面传输跟踪流体和固体；可视化数据：选择变量以在 Tecplot 中可视化流体和固体状态；平均数据：选择 Tecplot 输出数据，在模拟运行时进行平均。

（1）通量面：在设置分离器入口的压力边界时，已经定义了通量面。在旋风分离器下方与浸入管相交的平面设置一个通量面，可以更早了解颗粒夹带率。设置一个如图 2-48 所示的通量面，使其与四根管子相交。选择"Subdivide by radius"，获取通过通量面颗粒的 PSD 信息；选择"Mass Flow Rate"，获取通过通量面的气体种类信息。

（2）可视化数据：点击"Visualization Data"，默认情况下，选择一组最小的变量输出到"Tecplot"。这样可使文件尽可能小，Tecplot 文件通常会占用运行目录中的大部分空间。设置项目时，需确保选中对模拟分析很重要的其他变量旁边的复选框。本算例的可视化数据选项如图 2-49 所示。

图 2-47　时间控制设置窗口

图 2-48　通量面设置窗口

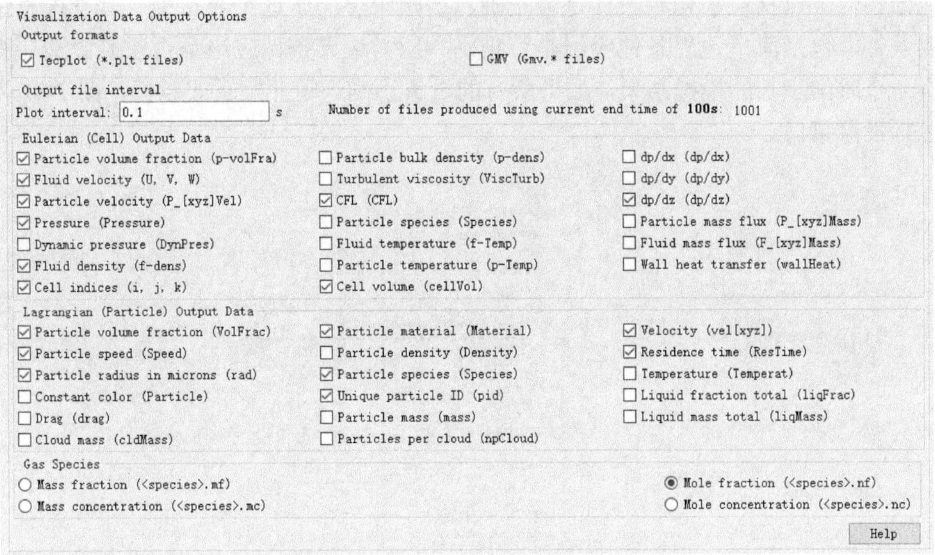

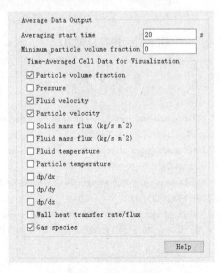

图 2-49　可视化数据选项

（3）平均数据：点击"Average Data"，时间平均数据在分析粒子-流体系统时非常有用。例如，流化床本质上是动态的，不会达到传统的"稳态"条件。平均开始时间在 20s，勾选如图 2-50 所示的平均数据选项。

图 2-50　平均数据选项

11）检查设置

选择"GPU Parallel"，保存工程文件，运行单个时间步长的模拟。首先检查初始条件，包括粒子初始条件是否正确、初始床层的质量是否正确。其次检查边界条件，包括流量边界条件应用是否正确、压力边界条件应用是否正确。最后查看一个时间步长的模拟结果，如果所有的设置正确，则开始正式运行，图 2-51 为运行设置窗口。

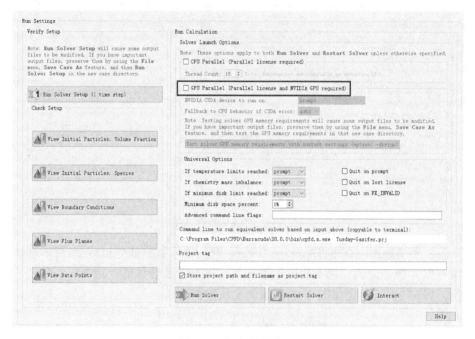

图 2-51　运行设置窗口

参 考 文 献

[1] ANDREWS M J, ROURKE P J. The multiphase particle-in-cell (MP-PIC) method for dense particulate flows[J]. International Journal of Multiphase Flow, 1996, 22(2):379-402.

[2] SNIDER D M, BANERJEE S. Heterogeneous gas chemistry in the CPFD Eulerian-Lagrangian numerical scheme (ozone decomposition)[J]. Powder Technology, 2010, 199(1):100-106.

[3] SNIDER D M. An incompressible three-Dimensional multiphase particle-in-cell model for dense particle flows-sciencedirect[J]. Journal of Computational Physics, 2001, 170(2):523-549.

[4] XIE J, ZHONG W, JIN B, et al. Eulerian-Lagrangian method for three-dimensional simulation of fluidized bed coal gasification[J]. Advanced Powder Technology, 2013, 24(1):382-392.

第3章 颗 粒 力 学

3.1 离散元方法

3.1.1 离散元方法概述

传统的力学研究都是建立在连续性介质假设的基础上，即认为研究对象是由相互连接、没有间隙的大量微团构成。然而，这种假设在有些领域并不适用。1971年，Cundall提出了一种处理非连续介质问题的数值模拟方法，即离散元方法[1]。

离散元方法，又称离散单元法（discrete element method，DEM），是基于分子动力学提出的颗粒离散体物料分析方法。离散单元法的基本思想是将不连续体分离成刚性元素集合，其中各个刚性元素满足运动方程，用时步迭代方法求解各刚性元素的运动方程，继而得到不连续体的整体运动状态。使用离散单元法进行数值模拟时，每个粒子单元被赋予质量、刚度、阻尼等物理性质，各粒子之间存在接触和分离关系。粒子发生接触时，接触点产生接触力和力矩[2]。利用牛顿第二定律建立每个粒子的运动方程，使用中心差分法求解。

离散单元法把离散体系统看作有限个离散单元的集合，根据其几何特征分为颗粒和结构体两大系统，每个颗粒或结构体为一个单元。进行离散单元法数值计算时，通过循环计算的方式，跟踪计算颗粒的移动情况。根据运动过程中每一时步各颗粒间的相互作用和牛顿运动定律的交替迭代来预测离散群体的行为。

图3-1为离散元方法的计算步骤，主要涉及移动结构体、生成颗粒、颗粒-颗粒和颗粒-结构体之间的接触判定、接触力计算、体积力/场力（body force/field force）计算、颗粒运动计算、黏结键更新等[3-5]。

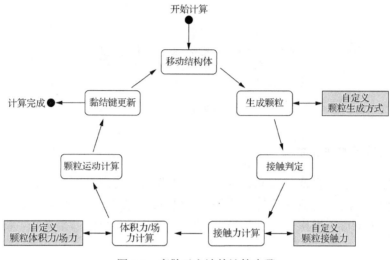

图 3-1　离散元方法的计算步骤

3.1.2　颗粒运动方程

颗粒的运动分为平移与旋转两种，其速度与角速度的变化由牛顿第二定律求解，如下所示：

$$m_p \frac{\mathrm{d}\vec{u_p}}{\mathrm{d}t} = \sum_k \vec{F}_{p,k} \tag{3-1}$$

$$I_p \frac{\mathrm{d}\vec{\omega_p}}{\mathrm{d}t} = \sum_k \vec{M}_{p,k} \tag{3-2}$$

式中，F 为颗粒所受的合力；M 为每个作用力 F 对颗粒产生力矩的矢量和。

一般情况下，颗粒所受的作用力包括两大部分，即颗粒体积力/场力和接触力（contact force）[6]。场力主要有重力、浮力、曳力，特殊情况下还可以考虑升力、热泳力、布朗力、虚拟质量力、电磁力等。接触力一般按照接触点的法向与切向接触力来划分，法向接触力包括弹性力与阻尼力，切向接触力包括弹性力、阻尼力与摩擦力，对于某些特殊情况，还可引入液桥力、范德华力等[7]。如式（3-3）等号右侧依次为重力、压力梯度力（包含浮力）、曳力、法向接触力和切向接触力：

$$\vec{F}_p = \vec{F}_{gra} + \vec{F}_{pre} + \vec{F}_{dra} + \underbrace{\vec{F}_{con}^{\,n} + \vec{F}_{con}^{\,t}}_{接触力} \tag{3-3}$$

获得颗粒运动的速度与角速度后，即可在笛卡儿坐标系下按照牛顿运动方程求解每个颗粒的位置与方向变化，其中位置由三维坐标描述，方向可由余弦矩阵或欧拉角描述。

3.1.3　接触模型

当颗粒-颗粒或颗粒-结构体之间发生接触时，即触发接触模型计算接触力。接触模型有硬球模型与软球模型之分，前者假定颗粒表面承受力相对较小时，颗粒之间不发生显著的塑形变形，并认为颗粒之间的接触行为是瞬时发生的，只考虑两个颗粒同时碰撞，不考虑多个颗粒同时碰撞；后者允许颗粒在接触点处出现重叠，以重叠量代表颗粒之间的挤压程度，接触行为具有时间跨度，接触力随着重叠量不同而逐渐发生变化。软球模型可以对颗粒接触行为进行更为精细的定义，处理数量较大的颗粒系统时，计算效率和适用范围具有较大优势，因此被普遍采用。

软球模型对单个颗粒进行了如下假设：

（1）颗粒为刚体，颗粒系统的变形是这些颗粒接触点变形的总和；

（2）颗粒之间的接触发生在很小的区域内，即点接触；

（3）颗粒接触特性为软接触，即允许刚性颗粒在接触点发生一定程度的重叠，重叠量相对于颗粒平移与旋转运动量小得多。

1. 接触变量

当颗粒-颗粒或者颗粒-结构体之间发生具有一定重叠量的接触时，通过接触变量表征重叠量的大小，如图 3-2 所示。

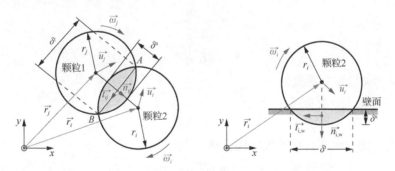

图 3-2　颗粒-颗粒与颗粒-结构体接触时的接触变量

接触变量包括法向重叠量和切向重叠量。其中，法向重叠量（δ^n）为长度量纲，而切向重叠量（δ^t）在二维时为长度量纲，三维时为面积量纲。

2. Hertz-Mindlin 接触模型

对于一般的干态、刚性、不发生破碎等变化的固体颗粒和结构体，采用 Hertz-Mindlin 接触模型描述其之间的接触作用力。

法向弹性力：

$$F_{n} = \frac{4}{3} E^{*} \sqrt{R^{*}} \delta_{n}^{\frac{3}{2}} \tag{3-4}$$

式中，E^{*} 为等效杨氏模量；R^{*} 为等效半径。E^{*} 和 R^{*} 分别由相接触的颗粒-颗粒或颗粒-结构体的杨氏模量式（3-5）和半径式（3-6）求得（结构体半径为无穷大）：

$$\frac{1}{E^{*}} = \frac{1-v_{i}^{2}}{E_{i}} + \frac{1-v_{j}^{2}}{E_{j}} \tag{3-5}$$

$$\frac{1}{R^{*}} = \frac{1}{R_{i}} + \frac{1}{R_{j}} \tag{3-6}$$

式中，v_{i} 和 v_{j} 为相接触颗粒的泊松比；E_{i} 和 E_{j} 为相接触颗粒的杨氏模量。

法向阻尼力计算如下：

$$F_{n}^{d} = -2 \sqrt{\frac{5}{6}} \beta \sqrt{S_{n} m^{*}} \vec{v}_{n}^{rel} \tag{3-7}$$

式中，$\vec{v}_{n}^{rel}$ 为法向相对速度；m^{*} 为等效质量，计算如下：

$$m^{*} = \left(\frac{1}{m_{i}} + \frac{1}{m_{j}} \right)^{-1} \tag{3-8}$$

式中，m_{i} 和 m_{j} 为相接触颗粒的质量。

阻尼力 β 和法向刚度 S_{n} 计算如下：

$$\beta = \frac{\ln e}{\sqrt{\ln^{2} e + \pi^{2}}} \tag{3-9}$$

$$S_{n} = 2 E^{*} \sqrt{R^{*} \delta_{n}} \tag{3-10}$$

式中，e 为碰撞恢复系数。

切向弹性力计算如下：

$$F_{t} = -S_{t} \delta_{t} \tag{3-11}$$

式中，S_{t} 为切向刚度，由等效剪切模量 G^{*} 计算如下：

$$S_{t} = 8 G^{*} \sqrt{R^{*} \delta_{n}} \tag{3-12}$$

切向阻尼力计算如下：

$$F_{t}^{d} = -2 \sqrt{\frac{5}{6}} \beta \sqrt{S_{t} m^{*}} \vec{v}_{t}^{rel} \tag{3-13}$$

式中，$\vec{v}_{t}^{rel}$ 为切向相对速度。

切向力合力的最大值受库仑摩擦力的限制，且切向力的合力不超过 $\mu_{s} F_{n}$，其中 μ_{s} 为静摩擦系数。当接触点的两个单元发生相对转动时，滚动摩擦力将产生额外的力矩作用，计算如下：

$$\tau_i = -\mu_r F_n R_i \omega_i \qquad (3\text{-}14)$$

式中，μ_r 为滚动摩擦系数；ω_i 为接触点的相对旋转角速度。

Hertz-Mindlin 接触模型所需要的输入参数包括相接触物体各自的物性参数，以及两者之间的接触参数。物性参数为泊松比、剪切模量/杨氏模量与密度，接触参数为碰撞恢复系数、静摩擦系数与滚动摩擦系数。

3.1.4　计算时间步长

离散元方法可以采用稳态与瞬态两种计算方法，但稳态计算方法仅用于颗粒群的静力学过程，在实际问题中，绝大多数是动力学过程，因此主要采用瞬态计算方法。

瞬态计算方法的时间步长必须满足一定要求才能确保计算结果稳定，一般认为需满足以下两点：

（1）在每个时间步长内，接触点的扰动不能从一个颗粒传递到其他相邻颗粒；

（2）在所有时间步长内，任一颗粒所受作用力的合力可以由与其接触的其他颗粒间的相互作用力唯一确定。

当颗粒发生接触时，表面受到应力作用，产生沿颗粒表面传播的偏振波，称为瑞利波。颗粒接触碰撞总能耗的 70% 通过瑞利波消耗，离散元方法计算的时间步长根据瑞利波沿固体表面传播速度确定。

弹性固体表面瑞利波速度为

$$v_R = \beta \sqrt{\frac{G}{\rho}} \qquad (3\text{-}15)$$

式中，β 为与材料泊松比 v 有关的参数：

$$\beta = 0.163v + 0.877 \qquad (3\text{-}16)$$

若两颗粒之间的接触行为所产生的瑞利波传播不到相邻的其他颗粒上，则计算时间步长的最大值为瑞利波传递半球面所需要的时间：

$$\Delta t_{\text{Rayleigh}} = \frac{\pi R_{\min}}{v_R} = \frac{\pi R_{\min}}{0.163v + 0.877} \sqrt{\frac{\rho}{G}} \qquad (3\text{-}17)$$

计算时间步长的最大值称为瑞利时间步长。为了准确地捕捉接触行为，实际计算时间步长通常不超过瑞利时间步长的 25%，多数情况下取 20% 为宜。

3.1.5　CFD-DEM 耦合

CFD-DEM 耦合方法支持颗粒在流体中所占体积分数由低到高的稀、密多相流系统。同时，耦合接口中集成了多种流体相对颗粒的作用力计算模型，如曳力模型（稀相流（Freestream）、密相流（Ergun and Wen & Yu）、非球形颗粒（Ganser）等）、升力模型（速度梯度力（Saffman Lift）、旋转梯度力（Magnus））和压力梯度力模型等，图 3-3 为流固耦合作用力模型。因此，用户可以针对不同的研究工况，选择合适的作用力模型，得到更为精确的模拟结果。

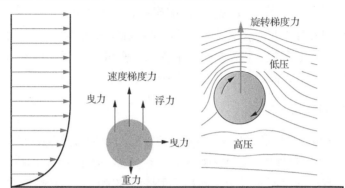

图 3-3　流固耦合作用力模型

　　当颗粒处于稀相状态时，颗粒对流体的作用非常小，主要关注流体对颗粒的影响。此时，可以通过 CFD 方法计算流场信息，并将流场数据导入 DEM 中，进而模拟颗粒在流场作用下的运动过程。同时，借助 DEM 分析，能够精确计算颗粒与颗粒、颗粒与结构体之间的相互作用力，进而模拟颗粒在流场作用下的磨损、沉积等重要现象。

　　当颗粒相体积分数较大时，则需要考虑颗粒与流体之间的相互作用。CFD-DEM 耦合方法可以实现 CFD 求解与 DEM 求解过程中的实时双向数据传递，模拟两相间的相互作用过程。CFD 与 DEM 之间采用瞬态时间步长耦合，首先由 CFD 执行一个时间步长的流场计算，其次将 CFD 流场数据传递到 DEM，最后由 DEM 完成同样时间步长的流场计算。在 DEM 计算时，将相间作用（动量传递、能量传递和质量传递等）引入颗粒运动方程，并将相间作用以源项作用于 CFD 的控制方程中。CFD 执行下一时间步长的流场计算时，将考虑颗粒对流体的反作用，图 3-4 为 CFD-DEM 耦合计算流程。

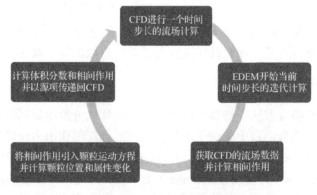

图 3-4　CFD-DEM 耦合计算流程

CFD-DEM 耦合方法能够模拟同时存在密相与稀相状态的系统，而且其计算精度与计算速度都具有非常大的优势。

CFD-DEM 耦合方法还能够模拟具有自由液面的气-液-颗粒三相耦合系统。其中，气-液两相采用表面跟踪模型（VOF）进行建模，颗粒与气-液两相发生相互作用。基于该方法，研究人员可以分析诸如搅拌釜、溶解器、清洗器等需要关注气-液界面对系统内颗粒运动影响的设备，从而为设计人员提供更多的有效输入。

3.1.6 曳力模型

曳力是固体颗粒与流体之间的主要作用力，包括表面曳力与形体曳力两种。表面曳力为颗粒表面所受流体剪切力的矢量和，形体曳力为颗粒表面受到正压力的矢量和，如图 3-5 所示。曳力的理论计算式是对颗粒表面微元上剪切力与正压力分别进行积分：

$$F_{\text{drag}} = \oint F_{\text{t}} + \oint F_{\text{n}} \tag{3-18}$$

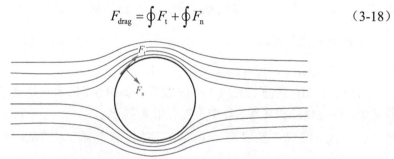

图 3-5 颗粒在流体中所受的曳力作用

曳力计算除了少数几种简单的几何形状和特定的流态特征（低速绕流）可以获得曳力的理论计算式外，绝大多数情况下采用经验方程。

3.2 模拟算例：液固两相颗粒输送模拟

1. 介绍

此算例通过 EDEM-FLUENT 两个软件耦合，对矩形交叉管中液体输送颗粒进行模拟仿真，以帮助用户快速掌握 EDEM-FLUENT 耦合基本过程及注意事项。本算例所用的 EDEM 版本为 EDEM2021.0，FLUENT 版本为 19.0，耦合接口为适用于两个软件版本的基于 FLUENT Eulerian 模型的耦合接口，图 3-6 为 EDEM-FLUENT 耦合算例示意图。

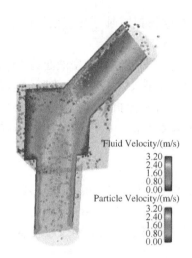

图 3-6　EDEM-FLUENT 耦合算例示意图

2. EDEM 模型建立

1）启动 EDEM，保存模型文件

启动 EDEM，新建 EDEM_Model 文件，如图 3-7 所示，并保存在仿真数据文件夹中，注意路径和文件名称中不能有中文字符。

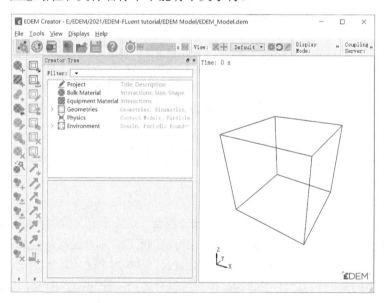

图 3-7　新建 EDEM_Model 文件

2）新建颗粒材料及颗粒

在"Bulk Material"上单击右键选择"Add Bulk Material"新建颗粒材料，在"Bulk

Material"上单击右键选择"Rename Material",将新建颗粒材料重命名为"Particle",
图 3-8 为颗粒属性设置。

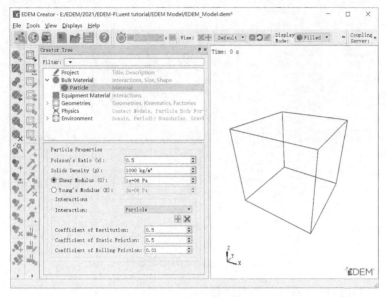

图 3-8　颗粒属性设置

在颗粒材料"Particle"上单击右键选择"Add Particle",新建"Eulerian particle"
颗粒。在 Modify Shape 中选择单球形颗粒,在右侧"Eulerian particle Spheres"中设
置颗粒的半径为 2mm,其余参数保持默认设置,如图 3-9 所示。在"Properties"中
点击"Calculate Properties",可自动计算出颗粒的质量、体积等属性,如图 3-10 所示。

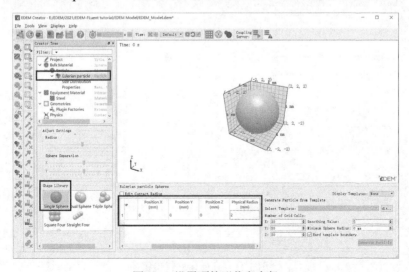

图 3-9　设置颗粒形状和半径

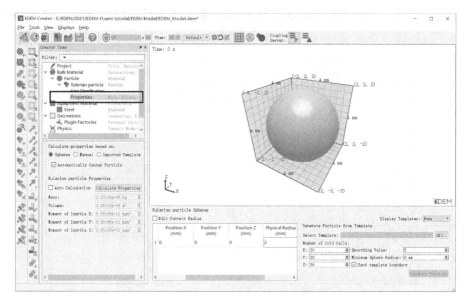

图 3-10　自动计算颗粒属性

3）新建几何体材料并导入几何体

在"Equipment Material"上单击右键，选择"Add Equipment Material"新建几何体材料，再在"Equipment Material"上单击右键，选择"Rename Material"，将几何体材料重命名为"Steel"。几何体材料设置如图 3-11 所示。

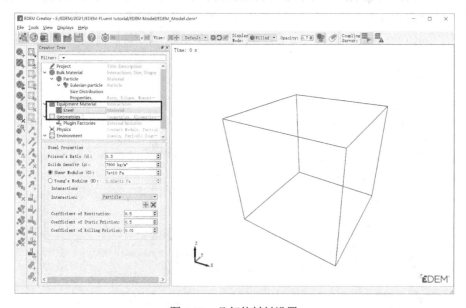

图 3-11　几何体材料设置

在"Geometries"上单击右键，选择"Import Geometry"导入"intersection_vertical.msh"几何体文件，如图 3-12 所示。需注意，应将此几何体文件提前放入 EDEM 仿真数据文件夹中以方便导入。在 Import Options 中，Choose Units 选择"Meters"，点击"OK"导入几何体。如图 3-13 所示，导入几何体的默认名称为"wall"，其中 Mass、Transform 无需更改，保持默认设置即可。

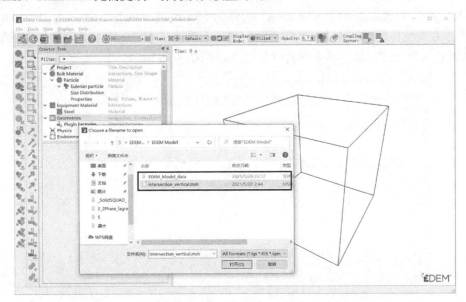

图 3-12 选择导入的几何体文件

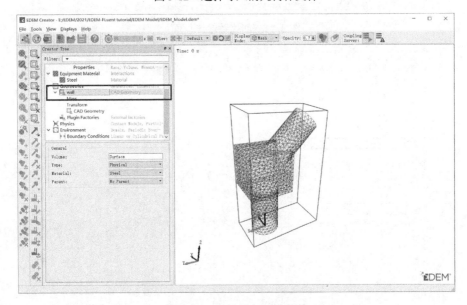

图 3-13 显示导入的几何体

4）创建并设置颗粒工厂面

颗粒工厂用于生成仿真所需的颗粒，本算例采用虚拟面作为颗粒工厂面。在"Geometries"上单击右键，选择"Add Geometry→Polygon"，单击右键将颗粒工厂面重命名为"Facrory_Plate"，"Type"选择"Virtual"，如图 3-14 所示；Mass无需更改，保持默认设置即可；"Polygon"中将"number of Edges"设置为"20"，"Polygon"设置为圆形面，"Radius"设置为50mm；"Transform"中将"Positon"中 Z 方向位移设置为10mm，即将颗粒工厂面设置在几何体中，方便颗粒生成后快速进入耦合流体域，其余保持默认设置，如图3-15 所示。

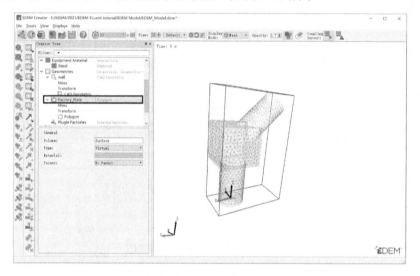

图 3-14　创建颗粒工厂面

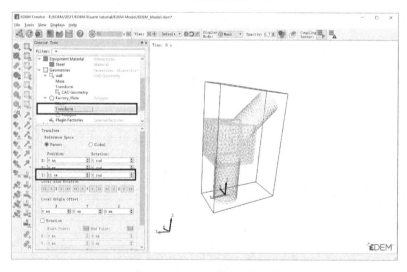

图 3-15　设置颗粒工厂面位置

5）创建并设置颗粒工厂

在"Facrory_Plate"上单击右键，选择"Add Factory"添加颗粒工厂，其中"Factory Type"默认为"dynamic"动态颗粒工厂，生成方式选择"Unlimited Number"。"Generation Rate"中选择"Target Number（per second）"，并设置为"2500"；在"Parameters"中"Velocity"选择"fixed"，设置 Z 方向速度为 5m/s，如图 3-16 所示。

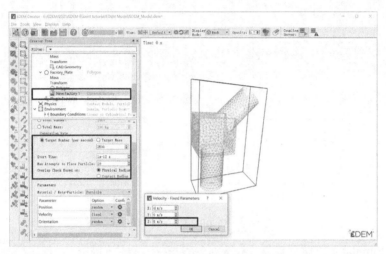

图 3-16 创建并设置颗粒工厂

6）Physics 接触模型设置

Physics 中需要设置颗粒-颗粒和颗粒-几何体接触模型，本算例均采用默认 Hertz-Mindlin（no slip）接触模型，如图 3-17 所示。

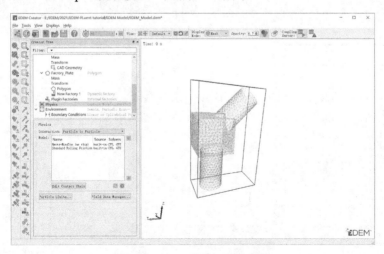

图 3-17 Physics 接触模型设置

7）Environment 设置

Environment 中"Domain"仿真域尺寸保持默认设置,"Gravity"中将 X、Y、Z 三个方向的重力加速度设置为"0m/s²",如图 3-18 所示。

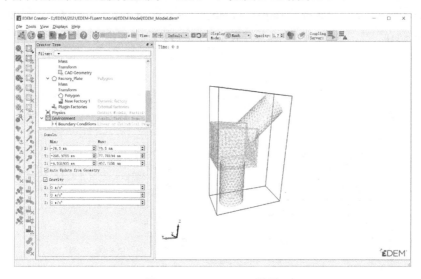

图 3-18　Environment 设置

8）Simulator 求解器设置

Simulator 求解器设置中,将"Fixed Time Step"设置为"5e-05s",其余保持默认设置,如图 3-19 所示。需注意,EDEM 中的时间步长与 FLUENT 中的时间步长比例一般在 1∶1~100∶1,且 EDEM 中的时间步长不能大于 FLUENT 中的时间步长。

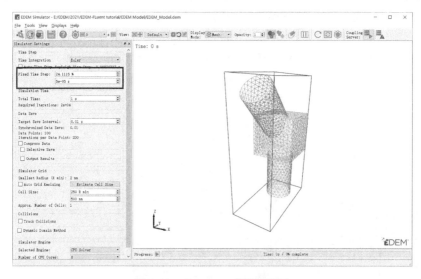

图 3-19　Simulator 求解器设置

9）打开 Coupling Server 耦合接口

打开 Coupling Server 耦合接口服务，等待与 FLUENT 进行耦合连接仿真，如图 3-20 所示。

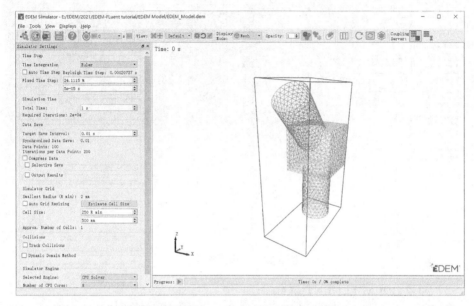

图 3-20   打开 Coupling Server 耦合接口服务

3. FLUENT 模型设置

1）启动 FLUENT，加载网格文件

打开 FLUENT 软件，因为使用的是 19.0 版本，所以在启动界面（图 3-21）时，需要将"Processing Options"设置为"Parallel (Local Machine) Solver"方式，且"Processes"设置为"0"，以便以串行方式打开 FLUENT。将"Working Directory"工作路径设置完成后，点击"OK"启动 FLUENT。

在 FLUENT 软件中加载 intersection_ vertical.msh 网格文件，检查网格，Scale 中无需缩放几何体，"Time"设置为"Transient"，在 EDEM 软件中"Gravity"选项未设置重力加速度，因此不选择，如图 3-22 所示。

图 3-21   FLUENT 启动界面设置

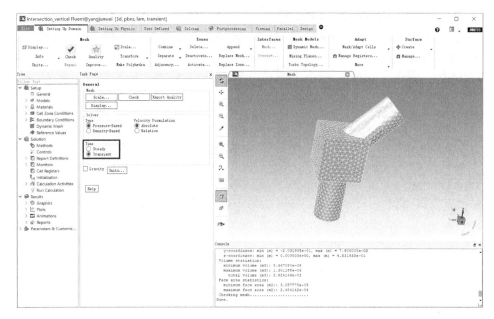

图 3-22　加载网格文件

2）加载 EDEM-FLUENT 耦合接口

基于 Fluent Eulerian 模型耦合接口的 edem_udf 文件夹需要提前放置到 FLUENT 工作路径中，点击"User Defined→Functions→Manage…"，如图 3-23 所示。

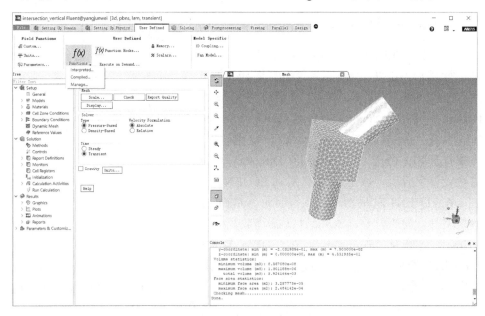

图 3-23　加载 EDEM-FLUENT 耦合接口（一）

在弹出的 Library Name 对话框中输入"edem_udf"，点击"Load"加载耦合接口，如图 3-24 所示。在 Models 最底部可以看到新增加的 EDEM 耦合接口，如图 3-25 所示。

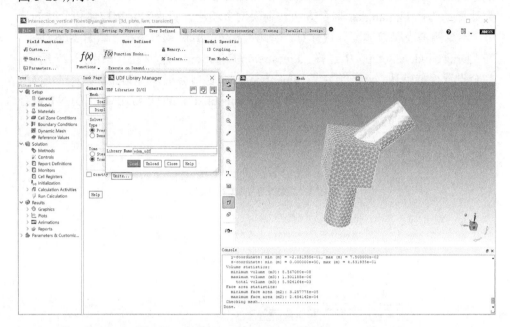

图 3-24　加载 EDEM-FLUENT 耦合接口（二）

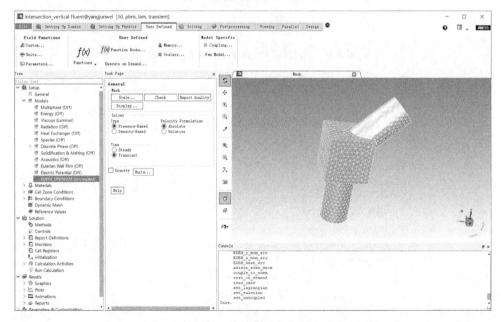

图 3-25　EDEM-FLUENT 耦合接口加载成功

3）EDEM-FLUENT 耦合接口设置

双击 EDEM-FLUENT 耦合接口进入设置界面，在界面上选择 Eulerian 耦合方法，则表明 FLUENT 将使用 Eulerian 多相流进行耦合计算，且包含颗粒的体积分数计算；选择 Lagrangian 耦合方法，则表明多相流计算不包含颗粒体积分数的计算。本算例考虑颗粒体积分数计算，因此选择 Eulerian 耦合方法，如图 3-26 所示。在"Drag Models Setup"中选择"Freestream Equation"曳力模型，如图 3-27 所示，其余设置保持默认，点击"OK"，Fluent console 窗口会提示"Coupling to EDEM"，且 EDEM Coupling 接口也会提示"Client connected"，表明 EDEM-FLUENT 耦合连接成功，如图 3-28 所示。

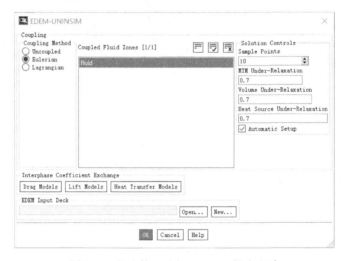

图 3-26　耦合接口选择 Eulerian 耦合方法

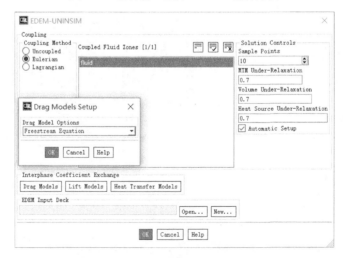

图 3-27　耦合接口选择曳力模型

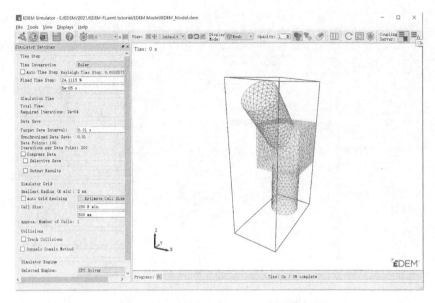

图 3-28 EDEM-FLUENT 耦合连接成功

4）Models 设置

Models 中"Multiphase"自动设置为"Eulerian"多相流模型，Phases 中自动设置了主相 fluid 和次相 dem，如图 3-29 所示；双击"Viscous-Laminar"湍流模型，Model 中选择"k-epsilon (2 eqn)"，Turbulence Multiphase Model 中选择"Dispersed"，其余保持默认设置，如图 3-30 所示。

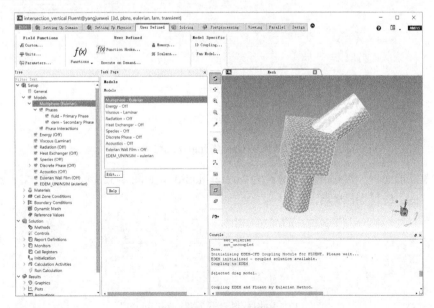

图 3-29 Models 设置

图 3-30　Viscous 湍流模型设置

Materials 中 Fluid 材料默认为 air，双击 "air"，在 Create/Edit Materials 界面中双击 "Fluent Database…" 添加 water-liquid (h2o<1>)材料，如图 3-31 所示。

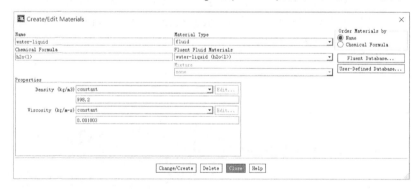

图 3-31　添加 water-liquid (h2o<1>)材料

在 Phases 中将主相材料设置为 "water-liquid"，如图 3-32 所示，并在 Materials 中将 Fluid 材料 air 删除。

图 3-32　主相材料设置为 "water-liquid"

5）Cell Zone Conditions 设置

Cell Zone Conditions 设置中包含了主相 fluid 和次相 dem 的设置，加载耦合接口时已经由耦合接口进行自动设置，因此无需设置。

6）Boundary Conditions 设置

Boundary Conditions 边界条件设置中包含了 inlet 边界条件设置和 outlet 边界条件设置，inlet 中双击"fluid"进行流体入口边界条件设置，入口速度设置为 5m/s，湍流参数选择"Intensity and Hydraulic Diameter"，"Turbulent Intensity"和"Hydraulic Diameter"分别设置为 5%和 100mm，如图 3-33 所示。

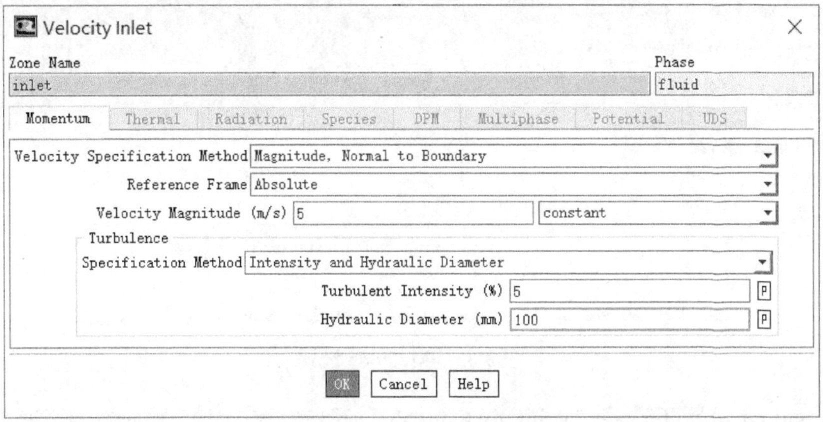

图 3-33　inlet 边界条件设置

outlet 中为了防止产生回流，湍流参数同样选择"Intensity and Hydraulic Diameter"，"Backflow Turbulent Intensity"和"Backflow Hydraulic Diameter"分别设置为 5%和 100mm，如图 3-34 所示。

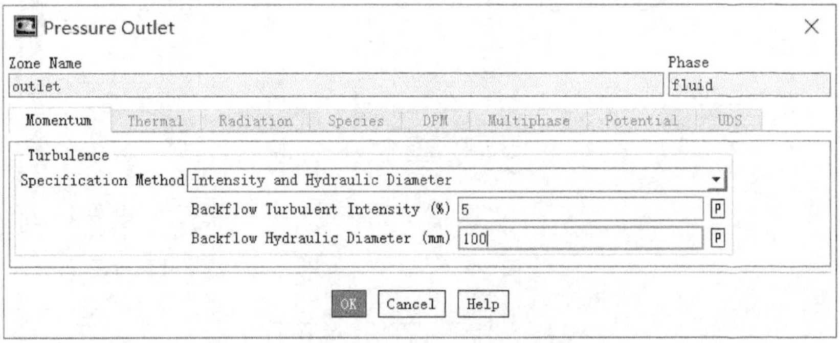

图 3-34　outlet 边界条件设置

7）Solution 设置

Methods 设置保持默认设置即可满足本算例要求，如图 3-35 所示。

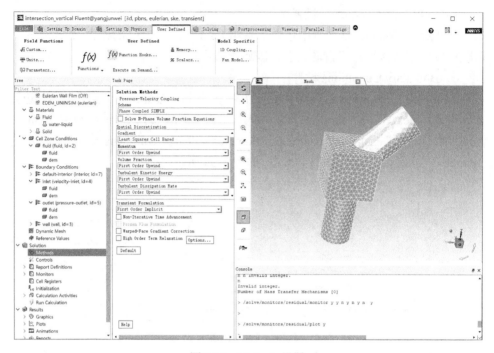

图 3-35　Methods 设置

Residual 设置不选择"Print to Console"，可在一定程度上加快计算速度，其余保持默认设置即可，如图 3-36 所示。

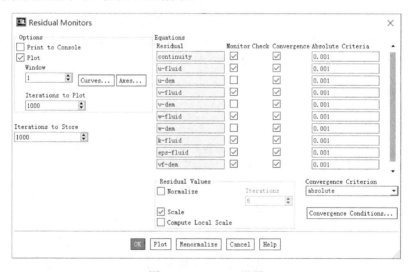

图 3-36　Residual 设置

Controls 设置保持默认设置即可满足本算例要求，如图 3-37 所示。

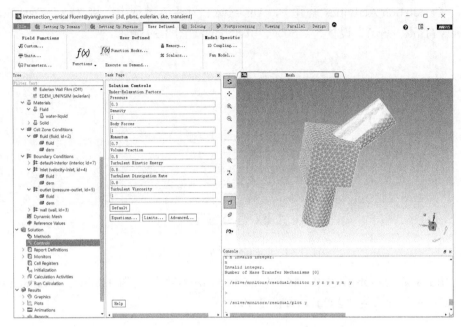

图 3-37 Controls 设置

Initialization 设置中，Compute from 选择"all-zones"，其余保持默认设置即可，点击"Initialize"完成初始化，如图 3-38 所示。

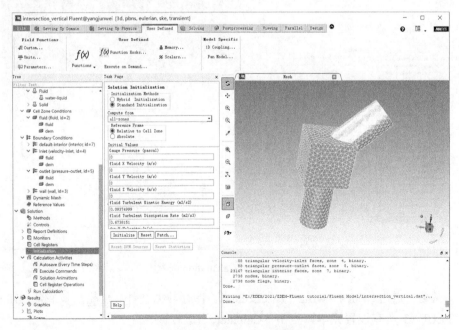

图 3-38 Initialization 设置

Calculation Activities 设置中，Autosave 自动保存数据中，将"Save Data File Every (Time Steps)"设置为"500"，其余设置如图 3-39 所示。

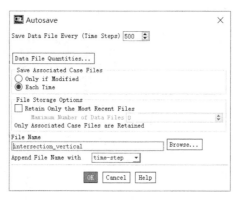

图 3-39　Calculation Activities 设置

Run Calculation 设置中，将"Time Step Size (s)"设置为 0.0001s，"Number of Time Steps"设置为"2000"，如图 3-40 所示。

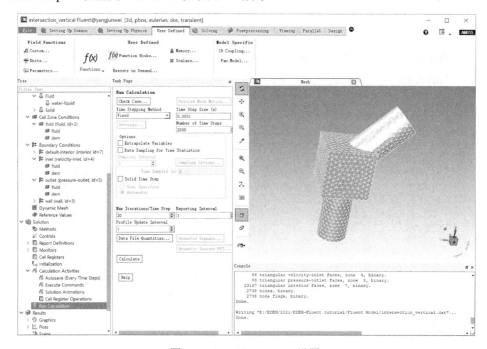

图 3-40　Run Calculation 设置

最后，点击"Flies→write→case & data"，保存数据文件。至此，本算例 EDEM 和 FLUENT 所有设置完毕，点击"Calculate"运行计算。

参 考 文 献

[1] CUNDALL P A. A discrete numerical model for granular assemblies, numerical model for granular assemblies[J]. Geothechnique, 2008, 29(30):331-336.

[2] BONAKDA T, GHADIRI M. Effect of structure on strength of agglomerates using distinct element method[J]. The European Physical Journal Conferences, 2017, 140:15015.

[3] GOLDSMITH W, FRASIER J T. Impact: The theory and physical behavior of colliding solids[J]. Journal of Applied Mechanics, 1961, 28(4):638-639.

[4] RAJI A O, FAVIER J F. Model for the deformation in agricultural and food particulate materials under bulk compressive loading using discrete element method. II : Compression of oilseeds[J]. Journal of Food Engineering, 2004, 64(3):373-380.

[5] MIO H, AKASHI M, SHIMOSAKA A, et al. Speed-up of computing time for numerical analysis of particle charging process by using discrete element method[J]. Chemical Engineering Science, 2009, 64(5):1019-1026.

[6] TSUJI Y, TANAKA T, ISHIDA T. Lagrangian numerical simulation of plug flow of cohesionless particles in a horizontal pipe - ScienceDirect[J]. Powder Technology, 1992, 71(3):239-250.

[7] RENZO A D, MAIO F. Comparison of contact-force models for the simulation of collisions in DEM-based granular flow codes[J]. Chemical Engineering Science, 2004, 59(3):525-541.

第 4 章　分　子　模　拟

4.1　分子动力学模拟概述

　　理论、实验和模拟，三者通过相互补充成为科学研究的基本范式。分子模拟是通过计算分子的性质，如结构、电子密度、电子亲和力、电离能等，认识和了解世界的有效手段。分子模拟是通过计算机模拟分子体系与性质的重要方法，包括分子力学模拟、Monte Carlo（MC）模拟、分子动力学（molecular dynamics，MD）模拟等。分子模拟的基础是分子体系的经典力学模型，通过优化单个分子总能量的方法得到的稳定构型就是分子力学；通过空间多次采样并计算其总能量的方法得到体系的几何构型和热力学平衡性质的方法就是 MC；通过数值求解分子体系经典力学运动方程的方法得到体系的相轨迹，并统计体系的结构特征与性质就是分子动力学。

　　分子模拟的基本过程：首先设定系综条件和粒子的位能函数，其次以分子间作用力的计算为起点进行牛顿运动方程求解，最后分析得到的模拟结果，如图 4-1 所示。此外，MD 模拟也分为平衡分子动力学（equilibrium molecular dynamics，EMD）模拟和非平衡分子动力学（non-equilibrium molecular dynamics，NEMD）模拟。

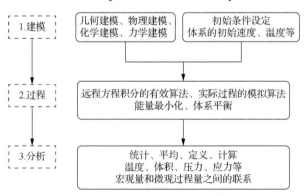

图 4-1　分子模拟的求解过程示意图

4.2　LAMMPS 软件

　　LAMMPS（large-scale atomic/molecular massively parallel simulator）软件由美国 Sandia 国家实验室开发，以 GPL license 发布。LAMMPS 软件是在科学与工业

界被广泛采用的分子模拟程序。

LAMMPS 软件具有的功能如下。

（1）可以串行和并行计算；

（2）分布式 MPI 策略；

（3）输入脚本就可运行，同时实现一个或多个模拟任务；

（4）GPU（CUDA、OpenCL）加速；

（5）易于扩展，可加入新的力场、原子类型和边界条件等；

（6）通过库界面调用 LAMMPS 或提供 Python 包装；

（7）与其他程序交叉使用：LAMMPS 可调用其他程序，其他程序也可调用 LAMMPS。

1. LAMMPS 整体计算流程

首先，创建一个空白文件夹用于 LAMMPS 计算；其次，在创建的文件夹中放入 LAMMPS 输入文件，包括 in 文件、data 文件、势文件等（具体文件内容格式在本章后面介绍）；最后，结束计算，得到 LAMMPS 输出文件，如 log 文件、其他自定义文件等。LAMMPS 整体计算流程如图 4-2 所示。

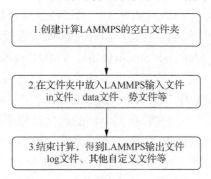

图 4-2　LAMMPS 整体计算流程示意图

2. LAMMPS 体系结构

一个 LAMMPS 工作体系需要以下几个文件：

（1）LAMMPS 执行程序（lmp_mpi）；

（2）脚本文件（in 文件）；

（3）势函数文件(eam/alloy、TIP3P-Ew、ReaxFF 等[1-2])；

（4）data 文件（体系的初始构型）。

3. LAMMPS 应用范围

LAMMPS[3]可以模拟液体、固体或气体状态下的粒子集合，各种系统下百万级的原子、分子体系，并支持多种势函数。通过建立二维或三维模型，使用各种原子间势（力场）和边界条件模拟原子、聚合物、生物、固态(金属、陶瓷、氧化物)、粗粒化或宏观系统；研究晶体材料的结构、机械性质、振动光谱、弹性模量，以及分子在晶体中的扩散系数，流体的黏度、热容、热传导系数、表面张力、相态转变、自由能等。

LAMMPS 的应用范围非常广泛，主要范围如下（参照 LAMMPS 官网）：

（1）静态和动态负载平衡；

（2）泛化非球粒子；

（3）随机旋转动力学（stochastic rotation dynamics，SRD）；

（4）实时可视化和交互式 MD；

（5）计算虚拟衍射模式；

（6）原子和连续体与有限元素耦合；

……

4. LAMMPS 求解步骤

在用 LAMMPS 进行模拟计算前，首先进行模型构建。建模的方式可以分为两类：一类是内部建模，在 LAMMPS 中，通过命令自行建模，即通过 in 文件中的命令建模，适用于简单的模型；另一类是外部程序建模，通过外部的程序和第三方软件建模，如利用 Materials Studio (MS)、VMD、packmol 等，完成建模后转换为 data 文件。利用上述软件构建的模型通常可以输出.car、.mdf、.pdb 等文件格式，但不能直接得到 LAMMPS 程序可以读入的.data 文件格式，因此需要通过 ovito 工具进行文件格式转化。不同文件格式具体的转化过程不同，将在实例中进行详细介绍。转换之后用 LAMMPS 的 read_data 命令将模型导入。

其次，编写 LAMMPS 输入脚本文件。在输入脚本文件中读取构建的 data 文件，设置初始条件、时间步长等参数(具体编写方法见后面章节)；同时在脚本文件中设置结果输出的 log 文件。

最后，结果由 LAMMPS 输出文件输出，进行后处理。

5. LAMMPS 操作

与 LAMMPS 相关的文件可以分为 LAMMPS 输入文件和 LAMMPS 输出文件。LAMMPS 输入文件主要包括三类，分别是输入脚本（input script）文件、数据文件（data file）和重启动（restart）文件。LAMMPS 输出文件主要包括日志（log）文件、结构文件、重启动文件和任意文本文件。

1）输入脚本文件.in

LAMMPS 软件只是一个求解器，没有可视化的前处理软件和后处理软件，所有的命令只能通过代码的方式输入到求解器中进行求解计算。所有的命令都被写到输入脚本文件中，因为习惯使用.in 作为这个文件的后缀，所以也常被称作"in 文件"。in 文件是一个文本文档，控制整个计算过程，没有要求文件名或者后缀名中必须带有"in"字样，用任何文件名均可运行。

输入脚本文件的主要框架包含以下几个部分：

（1）初始模拟系统设置；

（2）构建初始模型；

（3）定义原子间相互作用势（势文件或力场文件）；

（4）定义输出原子/体系所需的计算内容；

（5）定义输出原子运动轨迹以及参数。

以一个简单的 in 文件为例，如图 4-3 所示。

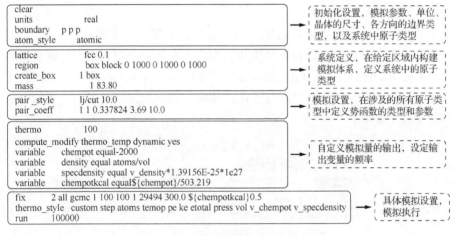

图 4-3　LAMMPS 中 in 文件举例

2）数据文件.data

当模型较为复杂，不能直接由 LAMMPS 提供的命令构建时，必须有一个数据文件用来存放模拟体系的初始构型，其包含了原子的坐标、键长、键角等信息。

3）日志文件 log.lammps

LAMMPS 在运行过程中，默认会产生日志文件，用于记录命令执行的情况。日志文件的默认文件名为 log.lammps。

4）结构文件

LAMMPS 可以输出多种不同类型的结构文件，用于记录某一时刻体系的构型和整个计算过程屏幕上显示的所有信息，但都使用同一个 dump 命令输出。主要的结构文件类型包括 cfg 格式、xyz 格式和图像格式等。

5）重启动文件

断点续算文件，由 write_restart 命令控制。

6. LAMMPS 支持的力场模型

用简单的数学函数描述原子间作用，称为力场[4]。分子力场的选择直接决定模拟的结果是否可靠和准确，是分子动力学模拟的基础和核心。目前，常用的力场有 COMPASS（凝聚态）、burchart（沸石）、pcff（适用于聚合物）、AMBER（较小蛋白质、核酸等）和 CHARMM（溶液、有机分子、聚合物和生化分子等）。

4.3　模拟算例：LAMMPS 计算煤油黏度

1. 模拟系统的建立

下面介绍一个运用 Green-Kubo 方法[5]计算煤油黏度的算例。

在计算煤油黏度之前，首先要构建模型，下面就来介绍其中一种建模方法：

（1）在 Automated Topology Builder（ATB）and Repository 网页中通过分子名称、分子构型选择模拟所需要的分子，具体操作界面如图 4-4 所示，模拟分子类型和分子数见表 4-1。

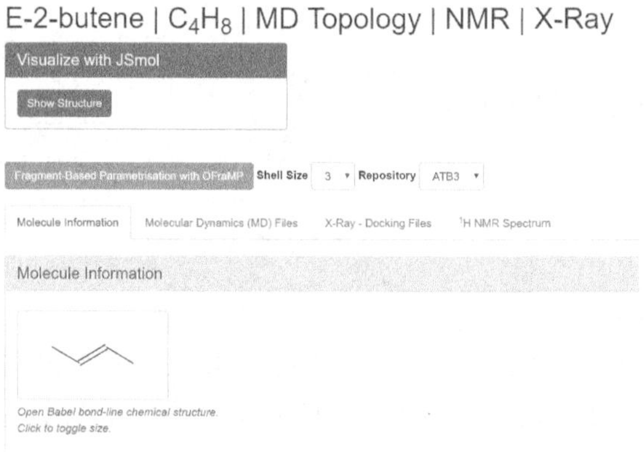

图 4-4　分子选择操作界面

表 4-1　模拟分子类型和分子数

分子类型	$C_{10}H_{18}$	$C_{12}H_{24}$	$C_{16}H_{34}$	C_8H_{12}
分子数	58	28	12	6

（2）点击 "Molecular Dynamics (MD) Files"，Format 选择 "LAMMPS"，具体操作界面如图 4-5 所示。

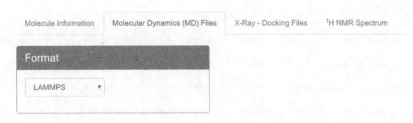

图 4-5 Molecular Dynamics (MD) Files 操作界面

（3）选择"All-Atom moltemplate file (optimized geometry)"下载文件，保存为 lt 文件，具体操作界面如图 4-6 所示。

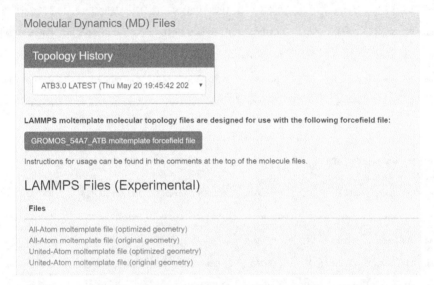

图 4-6 LAMMPS Files (Experimental)操作界面

（4）打开下载好的 lt 文件，找到力场部分，如图 4-7 所示。第一步，修改 lt 文件内容；第二步，选择 x、y、z 及颜色加深部分文本导出，生成 example.xyz 文件。

将_UZE inherits GROMOS_54A7_ATB 改为 C4H8 inherits GROMOS_54A7_ATB，图 4-8 为修改后的分子 lt 文件部分内容。

_UZE inherits GROMOS_54A7_ATB {
write("Data Atoms"){

$atom:	H12	Smol:...	@atom:	HC	0.096000	-2.5125538734E+00	-2.8240906164E-01	8.7737377404E-01
$atom:	C4	Smol:...	@atom:	C	-0.291000	-1.9647214833E+00	9.0548173669E-02	5.3759571818E-04
$atom:	H10	Smol:...	@atom:	HC	0.096000	-2.0171458215E+00	1.1852502032E+00	7.8067673246E-03
$atom:	H11	Smol:...	@atom:	HC	0.096000	-2.5103476013E+00	-2.7047857641E-01	-8.8256110202E-01
$atom:	C3	Smol:...	@atom:	C	-0.130000	-5.4085576977E-01	-3.9283132067E-01	-1.6017951906E-04
$atom:	H9	Smol:...	@atom:	HC	0.133000	-4.0095469982E-01	-1.4764523982E-00	-3.0021873194E-03
$atom:	C2	Smol:...	@atom:	C	-0.130000	5.4095550957E-01	3.9300344711E-01	-1.5091307508E-03
$atom:	H8	Smol:...	@atom:	HC	0.133000	4.0106931914E-01	1.4765717966E+00	1.2752399102E-03
$atom:	C1	Smol:...	@atom:	C	-0.291000	1.9646456258E+00	-9.0666087113E-02	5.9695093724E-04
$atom:	H5	Smol:...	@atom:	HC	0.096000	2.0170125612E+00	-1.1850950638E-00	-2.0269465114E-02
$atom:	H6	Smol:...	@atom:	HC	0.096000	2.5190036462E+00	2.9374816738E-01	-8.6677877930E-01
$atom:	H7	Smol:...	@atom:	HC	0.096000	2.5036321074E+00	2.5821942755E-01	8.9252309123E-01

图 4-7　下载的分子 lt 文件部分内容

C4H8 inherits GROMOS_54A7_ATB {
write("Data Atoms"){

$atom:	H12	Smol:...	@atom:	HC	0.096000	-2.5125538734E+00	-2.8240906164E-01	8.7737377404E-01
$atom:	C4	Smol:...	@atom:	C	-0.291000	-1.9647214833E+00	9.0548173669E-02	5.3759571818E-04
$atom:	H10	Smol:...	@atom:	HC	0.096000	-2.0171458215E+00	1.1852502032E+00	7.8067673246E-03
$atom:	H11	Smol:...	@atom:	HC	0.096000	-2.5103476013E+00	-2.7047857641E-01	-8.8256110202E-01
$atom:	C3	Smol:...	@atom:	C	-0.130000	-5.4085576977E-01	-3.9283132067E-01	-1.6017951906E-04
$atom:	H9	Smol:...	@atom:	HC	0.133000	-4.0095469982E-01	-1.4764523982E-00	-3.0021873194E-03
$atom:	C2	Smol:...	@atom:	C	-0.130000	5.4095550957E-01	3.9300344711E-01	-1.5091307508E-03
$atom:	H8	Smol:...	@atom:	HC	0.133000	4.0106931914E-01	1.4765717966E+00	1.2752399102E-03
$atom:	C1	Smol:...	@atom:	C	-0.291000	1.9646456258E+00	-9.0666087113E-02	5.9695093724E-04
$atom:	H5	Smol:...	@atom:	HC	0.096000	2.0170125612E+00	-1.1850950638E-00	-2.0269465114E-02
$atom:	H6	Smol:...	@atom:	HC	0.096000	2.5190036462E+00	2.9374816738E-01	-8.6677877930E-01
$atom:	H7	Smol:...	@atom:	HC	0.096000	2.5036321074E+00	2.5821942755E-01	8.9252309123E-01

图 4-8　修改后的分子 lt 文件部分内容

　　然后，生成 example.xyz 文件，第一行要加上原子个数。以 C_4H_8 为例，原子个数为 12，图 4-9 为 C_4H_8 的 xyz 文件。

```
12
HC   -2.5125538734E+00   -2.8240906164E-01    8.7737377404E-01
C    -1.9647214833E+00    9.0548173669E-02    5.3759571818E-04
HC   -2.0171458215E+00    1.1852502032E+00    7.8067673246E-03
HC   -2.5103476013E+00   -2.7047857641E-01   -8.8256110202E-01
C    -5.4085576977E-01   -3.9283132067E-01   -1.6017951906E-04
HC   -4.0095469982E-01   -1.4764523982E+00   -3.0021873194E-03
C     5.4095550957E-01    3.9300344711E-01   -1.5091307508E-03
HC    4.0106931914E-01    1.4765717966E+00    1.2752399102E-03
C     1.9646456258E+00   -9.0666087113E-02    5.9695093724E-04
HC    2.0170125612E+00   -1.1850950638E+00   -2.0269465114E-02
HC    2.5190036462E+00    2.9374816738E-01   -8.6677877930E-01
HC    2.5036321074E+00    2.5821942755E-01    8.9252309123E-01
```

图 4-9 C$_4$H$_8$ 的 xyz 文件

（5）得到 example.xyz 文件后，如表 4-2 所示，根据所需要模拟的温度、密度、模型大小编写 mix.inp 文件内容，如图 4-10 所示。

表 4-2 模拟体系参数

温度/K	密度/(g/cm^3)	力场	初始尺寸/Å
300	0.866	GROMOS_54A7_ATB	31.37

```
# All the atoms from diferent molecules will be separated at least 2.0
# Anstroms at the solution.

tolerance 2.0

# The file type of input and output files is XYZ

filetype xyz

# The name of the output file

output system.xyz

structure c8h12.xyz
  number 6
  inside box 0.0 0.0 0.0 31.37 31.37 31.37
end structure

structure c10h18.xyz
  number 58
  inside box 0.0 0.0 0.0 31.37 31.37 31.37
end structure

structure c12h24.xyz
  number 28
  inside box 0.0 0.0 0.0 31.37 31.37 31.37
end structure

structure c16h34.xyz
  number 12
  inside box 0.0 0.0 0.0 31.37 31.37 31.37
end structure
```

图 4-10 编写的 mix.inp 文件内容

输入命令"packmol < mix.inp"，运行 mix.inp 文件，得到 system.xyz 文件。

（6）将 system.xyz 文件和 system.lt 文件结合，输入命令"moltemplate.sh -xyz system.xyz system.lt"，得到 system.data、system.in.init、system.in.settings 文件。

2. 设置

构建好模型之后，通过 LAMMPS 的输入脚本文件"in 文件"，包括边界条件、模拟系综力场模型、变量的设置，来求解所需要的黏度。下面介绍计算黏度的"in 文件"。

（1）编写 LAMMPS 黏度计算脚本，输入脚本文件名称为 system.in，文件内容如图 4-11 所示。

```
include "system.in.init"
read_data "system.data"
include "system.in.settings"

unit       real
variable   T equal 293.2
variable   V equal vol
variable   dt equal 2
variable   p equal 400    # correlation length
variable   s equal 5      # sample interval
variable   d equal $p*$s  # dump interval

log   example.log

# convert from LAMMPS real units to SI
variable kB equal 1.3806504e-23 # [J/K/ Boltzmann
variable atm2Pa equal 101325.0
variable A2m equal 1.0e-10
variable fs2s equal 1.0e-15
variable convert equal ${atm2Pa}*${atm2Pa}*${fs2s}*${A2m}*${A2m}*${A2m}
# setup problem

timestep    ${dt}
thermo      $d

thermo_style custom step temp press vol

# equilibration and thermalization
minimize 1.0e-4 1.0e-6 1000 10000
velocity    all create $T 102486 mom yes rot yes dist gaussian
fix         NPT all npt temp $T $T 100  iso 1 1 1000  drag 0.2
run         10000
unfix NPT
fix         NVT all nvt temp $T $T 100    drag 0.2
run         10000
# viscosity calculation, switch to NVE if desired

reset_timestep 0
variable    pxy equal pxy
variable    pxz equal pxz
variable    pyz equal pyz
fix         SS all ave/correlate $s $p $d &
            v_pxy v_pxz v_pyz type auto file S0St.dat ave running
variable    scale equal ${convert}/(${kB}*$T)*$V*$s*${dt}
variable    v11 equal trap(f_SS[3])*${scale}
variable    v22 equal trap(f_SS[4])*${scale}
variable    v33 equal trap(f_SS[5])*${scale}
variable    v equal (v_v11+v_v22+v_v33)/3.0
variable    ndens equal count(all)/vol
thermo_style custom step temp press v_pxy v_pxz v_pyz v_v11 v_v22 v_v33 v_v
dump        2 all atom 2000 example.lammpstrj
run         100000

print     "average viscosity: $v [Pa.s] @ $T K, ${ndens} /A^3"
```

图 4-11　编写的 system.in 文件内容

（2）黏度计算，将编写好的 system.in 文件放入文件夹中，文件夹内包含以下四个文件：system.data、system.in.init、system.in.settings 和 system.in。

在计算黏度前对 system.in.init 文件进行修改，将{cutoff}改为 10，如图 4-12 所示，文件内容来源于 LAMMPS 官网。

```
units real
atom_style     full
bond_style     harmonic
angle_style    harmonic
dihedral_style harmonic
improper_style harmonic
#pair_style     lj/cut/coul/cut ${cutoff}  # for non-period sims
pair_style     lj/cut/coul/long 10
kspace_style   pppm 0.0001
special_bonds lj 0.0 0.0 0.5 coul 0.0 0.0 1.0 angle yes dihedral yes
```

图 4-12　修改后的 system.in.init 文件

3. 运行命令

在控制台中输入命令运行计算 mpirun -np 10 lmp -in system.in，得到结果。

4. 结果分析

得到含计算结果和设定输出值的 example.log 文件，对其进行分析。

参 考 文 献

[1] XIAO H, SHI X Y, CHEN X. Self-assembled nanocapsules in water: A molecular mechanistic study[J]. Physical Chemistry Chemical Physics, 2017, 19(31): 20377-20382.

[2] XIAO H, SHI X Y, HAO F, et al. Development of a transferable reactive force field of P/H systems: Application to the chemical and mechanical properties of phosphorene[J].The Journal of Physical Chemistry, 2017, 121(32): 6135-6149.

[3] 孙迎新, 裴素朋, 刘卫民, 等. LAMMPS 软件在物理化学教学中的应用[J]. 广州化工, 2013(11): 238-240.

[4] 杨萍, 孙益民. 分子动力学模拟方法及其应用[J]. 安徽师范大学学报（自然科学版）, 2009, 32(1): 51-54.

[5] ZHENG Y, ZHANG X, MOBAREKE M T S, et al. Potential energy and atomic stability of H_2O/CuO nanoparticles flow and heat transfer in non-ideal microchannel via molecular dynamic approach: The Green-Kubo method[J]. Journal of Thermal Analysis and Calorimetry, 2021(144):2515-2523.

第5章　工艺单元设备及过程模拟

5.1　过程模拟方法

基于模型的建模技术在工艺过程的整个周期中扮演着越来越重要的角色。过去十年，基于模型的建模技术应用于工艺过程建立的全周期中，包括从基础化学实验的理论研究到关键设备的设计、全工艺过程及其可靠控制系统的设计，最终到工厂操作、故障排除和自动化控制。过程模拟软件是将基于模型的建模技术应用到工业实践中的关键要素，可以准确、高效地构建出包含多个单元操作和涉及多股循环物流和能量流股的工艺流程。

过程模拟技术中主要有两类方法，即序贯模块法和联立方程法，分别源于20世纪60年代和70年代的学术研究[1-3]。

5.1.1　序贯模块法

在序贯模块法中，每个单元操作都被视为一个"模块"，给定输入物流参数和相应单元设备的操作参数、结构参数，通过求解单元模型方程组，计算输出物流参数和其他关键设计、操作的性能指标[4]。在这些单元模块中，需要手动编写求解各个单元模型方程组的算法代码，使得每个单元模块在求解计算上都有很好的鲁棒性和高效性。同时，每个单元模块都有高度个性化的用户界面，如模块所需输入信息的对话框，或相关结果展示的报告。

大部分基于序贯模块法的过程模拟软件提供扩展单元操作模型库的功能，即用户可以通过自定义单元操作来扩展模型库。多数情况下，用户需要提供模型方程及相应的求解算法，通常可以采用编程语言来实现，如 FORTRAN、C/C++或 Visual Basic。不同的序贯模块法过程模拟软件有特定的与自定义程序模块耦合的专有程序接口。该方法的最新进展是 CAPE-OPEN 标准的产生，它是过程模拟环境和过程建模组件间的标准化接口。采用 CAPE-OPEN 标准的自定义单元模块可在任何支持 CAPE-OPEN 的过程模拟软件中直接使用。主流的商业过程模拟软件均支持 CAPE-OPEN 标准。

在序贯模块法中，过程模拟软件按照一定的顺序依次调用求解各个单元操作模型，从而求解出全局工艺流程。对于没有循环流股的简单工艺过程，在输入物流参数和给定每个单元设备的参数后，按照工艺流程路线依次计算各个单元操作[5]。

当工艺过程中出现多股循环物流和能量流股时，上述的"依次计算"方式则无法应用。此时，需要对循环流股进行估值（即撕裂），在给定循环流股估计值的基础上，按顺序计算每个单元模块后，可计算出新的循环流股值，通过多次迭代计算，直到循环流股值收敛。从数学角度，即使循环流股给定的估计值较好，本质上还是需要大量的迭代过程才能收敛的连续迭代法。当循环流股之间存在相互作用时，该问题将变得非常严重，甚至某些情况下，无论循环流股初始估计值好与坏，迭代计算会因不满足连续迭代法的收敛要求而失败。

序贯模块法的难点是当给定的工况条件是非标准型时，如给定产品物流的期望值或工艺关键性能指标的期望值（如原料的收率），要计算单元设备的设计参数或操作参数（如反应器体积）。因为这不符合序贯模块法中给定输入、计算输出的信息流处理方式，所以处理这种计算较为困难。通常的解决办法是引入人工"控制器"，通过多次修改计算值，迭代计算匹配用户的设计规定[6]。

综上，相比多次的"试错法"模拟，在过程模拟中应用严格的数学优化算法，其花费的时间精力和获得的求解结果在质量上有着不可比拟的优势。然而，数学优化算法的鲁棒性和高效性取决于能否有效获得目标函数和约束条件对决策变量的梯度值。在序贯模块法中，获得这些梯度值需要计算所有单元操作模型返回输出的偏导数，这意味着编码复杂度大幅增加。总体来说，序贯模块法在实际的全局工艺优化计算中的应用非常有限。

5.1.2　联立方程法

联立方程法从概念上比序贯模块法更简单。工艺流程中的每个单元操作可视为一系列方程和变量，而全局工艺流程模型通过单元操作之间的相互连接关系，组合成一个大型的方程组[7]。用户设定一组满足自由度为零的给定工艺条件后，全局工艺流程模型则变成一个非奇异的非线性代数方程组，然后通过一个合适的数值方法进行求解计算，如基于牛顿型方法及其变体，加上稀疏线性代数技术，在普通台式计算机上即可求解由成千上万个方程组成的系统模型。

原则上，联立方程法可以解决序贯模块法的诸多问题。例如，多股有相互关系的循环流股，用方程描述会更加高效；在给定工况条件是非标准型时，无需特殊的处理方式，也能转变成非奇异的代数方程组进行求解计算。

联立方程法在扩展单元操作模型库时，允许模型方程在单元操作层次上进行描述，而模型方程的求解则是在整个过程模拟软件层次上完成。描述模型方程时可以运用"声明"型的建模语言，而非计算机编程语言，这极大地提高了模型的易用性，并降低了模型开发和维护成本。采用"符号"式的模型方程也有利于复杂的操作，如获得"符号微分"和"偏导"等信息，会显著提高模拟计算和优化计算的性能。

联立方程法的主要缺陷是求解过程中的鲁棒性。鲁棒性在模型初始化阶段非常重要，当模型方程中很大一部分变量值未知和模型变量的初始值偏离真实值较大时，模型初始化的鲁棒性会非常差，导致模型初始化失败。牛顿型方法由于只有局部收敛，在"模型初始化"阶段很容易计算失败。无论是利用稳定法来扩展牛顿型方法的收敛范围，还是利用如基于同伦延拓方法替代解决方案的方法，都只能实现一定程度上的成功。此外，在联立方程法求解全局工艺流程模型方程时，计算失败后很难诊断错误所在之处。

由于序贯模块法具有较好的鲁棒性、易用性和相对容易的可实现性，其一直被最商业化的稳态过程模拟软件所采用[8]，如 Aspen Plus (Aspen Technology Inc.)、Aspen HYSYS (Aspen Technology Inc.)、Petro-SIM (KBC Advanced Technologies plc.)、PRO/Ⅱ(Schneider Electric SimSci)和 UniSim (Honeywell Inc.)。由于软件架构体系和数值求解器的底层复杂性，"工业强度"的联立方程法在技术上的实现更具挑战。目前，商业化的联立方程法软件很少，包括由英国帝国理工大学开发的第一代联立方程法软件 SPEEDUP，其最后的演化版本是 Aspen Custom Modeler (Aspen Technology Inc.)；同样是由英国帝国理工大学开发，而后被 PSE 公司重新架构和编写的第二代联立方程法建模平台 gPROMS ModelBuilder (process systems enterprise Ltd.)。这些软件的特点是均支持自定义建模开发，尤其擅长过程设备的详细模型开发（如反应器）[9]。

虽然联立方程法在应用上受到很多限制，但其潜在优势巨大。例如，Aspen Plus 中的单元操作模型有序贯模块法和联立方程法两种模式，自定义模型可以利用 Aspen Custom Modeler 建立；实时优化软件中同样采用联立方程法，如 ROMeo(Schneider Electric SimSci)。联立方程法需要解决模型初始化较难的问题，才有可能完全利用其全部的技术优势。

基于联立方程法建立的先进过程模拟（advanced process modelling, APM）技术是针对过程工业开发的集高精度数学模型、先进数值算法、工厂大数据分析、全工艺优化和自动化控制等技术于一体的行业优化解决方案。目前，APM 技术已成功应用于石油炼化、油气输送等大型石化工业，创造了极为显著的经济价值。

过程工业的数学模型可以从三个方向进行定义，分别是模型尺度（model scope）、模型维度（model detail）和模型应用（model application）。

（1）模型尺度是指数学模型所跨越的尺度范围，包括微观尺度的反应器催化剂颗粒及其在孔道中的扩散与表面催化反应，介观尺度的单元操作设备及其内部结构（如列管式固定床反应器的管程床层、精馏塔的塔板），宏观尺度的工艺流程和更大尺度上的供应链。

（2）模型维度是指数学模型如何描述物理对象，如采用均匀性假设的全混模型，采用一维描述的管道模型，采用二维/三维描述的反应器模型，甚至更高维度的复杂模型。

（3）模型应用是指如何运用数学模型指导工艺开发与设计优化，涵盖工艺概念设计、物料/能量衡算、详细设计与工艺包开发、操作方案设计和最先进的自动化控制等内容。

5.2　模拟算例 1：缓冲罐数学建模及动态模拟

5.2.1　模型描述

缓冲罐有一个入口和一个出口，出口流量由重力驱动。缓冲罐的几何结构和进口流量作为模型输入，出口流量由基于罐内液位的模型确定，以模拟缓冲罐的动态运行，图 5-1 为缓冲罐模型示意图。

其中，假设缓冲罐的横截面积为 $1m^2$，液体密度为 $1000kg/m^3$，缓冲罐的出口流量系数 α 为 $10kg/(s \cdot m^{1/2})$。缓冲罐入口质量流量为 $20kg/s$，运行初始时，罐内液位高度为 $2.1m$。

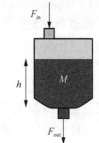

图 5-1　缓冲罐模型示意图

5.2.2　模型建立

1. 假设

（1）缓冲罐的操作在恒温下进行。

（2）缓冲罐搅拌均匀。

（3）缓冲罐仅包含液相单一组分。

（4）横截面积沿缓冲罐高度方向保持不变。

2. 方程式

质量平衡如下：

$$\frac{\partial M}{\partial t} = F_{in} - F_{out} \tag{5-1}$$

罐内液位高度计算如下：

$$M = \rho A h \tag{5-2}$$

出口质量流量如下：

$$F_{out} = \alpha \sqrt{h} \tag{5-3}$$

式中，A 为缓冲罐横截面积，m^2；α 为出口流量系数，$kg/(s \cdot m^{1/2})$；ρ 为液体密度，kg/m^3；F_{in} 为入口质量流量，kg/s；F_{out} 为出口质量流量，kg/s；M 为罐内液体质量，kg；h 为罐内液位高度，m。

3. 模型建立

1）新建项目

在菜单栏中选择"File→New"，项目树中出现一个如图 5-2 所示的名为"Project_1"的新建项目。

2）以其他名称保存新建项目

在项目树中右击"Project_1"名称，然后在右键菜单中选择"Save as…"，为文件选择适当的位置和名称（如 Buffer tank.gPJ）。

3）创建缓冲罐模型所需的三个变量类型

创建新的变量类型，右击该项目中的"Variable Types"文件夹，在右键菜单中选择"New Entity…"，弹出如图 5-3 所示的 New Entity 窗口，输入变量名称并选择实体类型（如 Variable type），勾选"Use template?"，单击"OK"。接着弹出 Variable Type 窗口，该窗口中包含迄今为止在此项目中创建的所有变量类型，双击已创建的变量类型，弹出对话框，为该变量设置合适的下限和上限，以及默认值，选择合适的单位（如 Plain-text，并手动输入 kg）。

图 5-2　新建项目　　　　　　　　　　图 5-3　New Entity 窗口

同时，也可在 Variable Type 界面中完成变量参数设定（图 5-4），单击"New…"，使用上述信息对其他变量类型重复此操作（flowrate 和 length）。

图 5-4　变量参数设定

4）创建缓冲罐模型

创建缓冲罐模型，右击项目树中的 Models 文件夹，在右键菜单中选择 "New Entity..."，弹出 New Entity 窗口，输入实体名称（如 buffer_tank）并选择实体类型（如 Model），勾选 "Use template"，单击 "OK"，默认弹出缓冲罐流程建模界面。

在建模界面下方选择 gPROMS language 选项卡，可以看到如图 5-5 所示的 gPROMS language 界面。该界面中给出一系列已注释好的部分（如参数、分布域、单元等）以及编写 gPROMS 模型时要使用的通用语法。注意，在 gPROMS ProcessBuilder 1.4.0 中，#开头表示该行为注释行。根据需要，依照模板中的语法输入即可。

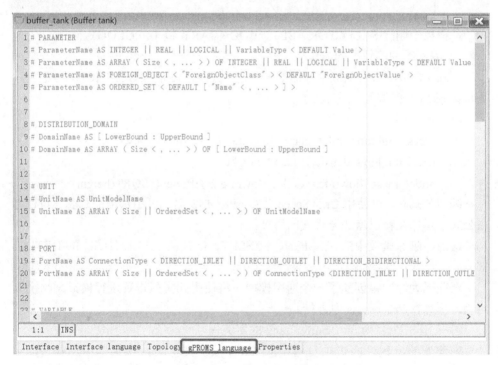

图 5-5　gPROMS language 界面

5）定义缓冲罐模型的参数

选择缓冲罐模型的 gPROMS language 选项卡，完成参数定义。首先删除 PARAMETER 关键字前面的注释标识符#，其次键入：

```
PARAMETER
    density                        AS REAL
    area                           AS REAL
    outlet_flowrate_coefficient    AS REAL
```

从模板中删除 DISTRIBUTION_DOMAIN、UNIT 和 PORT 部分（此模型不需要）。

6）定义缓冲罐模型的变量

在 VARIABLE 部分中，删除 VARIABLE 关键字前面的注释标识符#，使用前文中提供的信息和定义的变量类型来定义此模型所需的变量：

VARIABLE

　　inlet_mass_flowrate　　　　　　AS mass_flowrate
　　outlet_mass_flowrate　　　　　 AS mass_flowrate
　　mass_holdup　　　　　　　　　 AS mass
　　height　　　　　　　　　　　　AS length

从模板中删除 SELECTOR、SET、BOUNDARY 和 TOPOLOGY 部分。

7）编写缓冲罐模型的方程式

删除 EQUATION 关键字前面的注释标识符#，激活 EQUATION 关键字，并根据已知方程编写三个公式：

EQUATION

　　$mass_holdup = inlet_mass_flowrate - outlet_mass_flowrate；

　　mass_holdup = density * area * height；

　　outlet_mass_flowrate = outlet_flowrate_coefficient*SQRT(height)

编写公式时，可使用 Ctrl+Space 获得 gPROMS 建议可用选项的列表，同时可在公式中添加注释以增加方程式的可读性。

最后，删除模板中的 ASSIGN、PRESET、INITIALSELECTOR 和 INITIAL 部分。

至此已为缓冲罐创建了一个通用模型，将使用此模型设置进行模拟。此模拟的输入信息在 Processess 中进行。

8）创建一个名为 Sim_buffer_tank 的新流程

创建新的流程，右击项目树中的 Processes 文件夹，在菜单中选择"New Entity..."，弹出 New Entity 窗口，输入实体名称（Sim_buffer_tank）并选择实体类型（Procss），勾选"Use template"，单击"OK"。在弹出界面中选择 gPROMS language 选项卡。

9）定义模拟中使用的模型

在 UNIT 部分定义在该模拟中使用的模型。本算例使用先前设定的缓冲罐模型（buffer_tank）进行模拟，定义罐子 T101 为缓冲罐模型（buffer_tank）：

UNIT

　　T101 AS buffer_tank

10）设置参数值

根据已知参数，设定流程的 SET 部分，为每个模型参数提供值：

SET

　　WITHIN T101 DO

　　Area　　　　　　　　　　　: = 1;

　　outlet_flowrate_coefficient　: = 10;

　　density　　　　　　　　　　: = 1000;

11）设定变量值

在 ASSIGN 部分，为入口流量赋值：

ASSIGN

　　T101.inlet_mass_flowrate: = 20;

12）设定初始条件

由于此算例为动态模拟，需要给出初始条件。设定 INITIAL 部分，提供缓冲罐中的初始液位来定义模型的初始状态：

INITIAL

　　T101.height= 2.1;

13）定义模拟的持续时间

在 SCHEDULE 部分定义在模拟过程中要执行的操作。本算例定义动态模拟的持续时间为 2500s：

SCHEDULE

　　CONTINUE FOR 2500

14）进行模拟

在项目树中选择刚创建的流程（Sim_buffer_tank），在右键菜单中选择"Simulate…"，弹出如图 5-6 所示的 Simulate 窗口。默认设置并单击"OK"运行模拟，弹出 Execution output 窗口，执行模拟。

15）查看结果

此时，正在创建一个新算例。默认情况下，新算例名称是进程名称（Sim_buffer_tank）加日期和时间的串联。图 5-7 为在该文件夹中选择"Trajectories→T101→Variables"查看各变量计算结果，图 5-8（a）～（c）分别为液位高度、罐内液体质量、出口质量流率随时间变化情况。

至此，完成了缓冲罐模型建模与计算工作。

图 5-6　Simulate 窗口

图 5-7　查看各变量计算结果

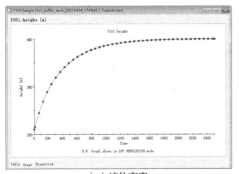

（a）液位高度

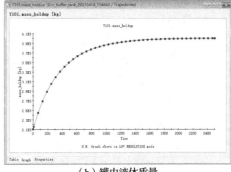

（b）罐内液体质量

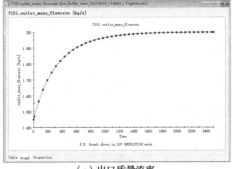

（c）出口质量流率

图 5-8　各变量随时间变化情况

5.3　模拟算例 2：苯乙烯工艺建模及全工艺优化

5.3.1　背景介绍

苯乙烯（C_6H_5—CH=CH$_2$）是一种不饱和芳香族单体，属于重要的工业原料，可用作各种高分子产品的原料。苯乙烯单体（SM）的主要聚合物产品是聚苯乙烯（PS），它是世界上应用最广泛的聚合物材料之一，用于玩具、电子设备外壳、家具以及生活中经常使用的许多其他物品。聚苯乙烯泡沫塑料是一种非常重要的包装和保温材料。SM 的另一个重要聚合物产品是丁苯橡胶弹性体（SBR），用于汽车轮胎、软管、鞋等。由 SM 生产的其他聚合物材料有丙烯腈-丁二烯-苯乙烯三元共聚物（ABS）和苯乙烯-丙烯腈共聚物（SAN）。苯乙烯主要由乙苯（EB）催化脱氢生成，反应机理如下：

主反应：　　C_6H_5—CH_2—CH_3(EB) $\rightleftharpoons$ C_6H_5—CH=CH$_2$(SM)+H$_2$

副反应 1：　C_6H_5—CH_2—CH_3(EB) $\rightleftharpoons$ C_6H_6+C_2H_4

副反应 2：C_6H_5—CH_2—CH_3(EB)+H$_2$ $\rightleftharpoons$ C_6H_5—CH_3+CH_4

主反应是吸热反应，以氧化铁为催化剂，在蒸汽相中进行。单/多绝热反应器或等温反应器均可用于苯乙烯的生产，但绝热反应器更为常见。

SM 生产装置的特点：因为反应的可逆性限制了 SM 的转化率，所以需要分离大量的 EB（约 30%）并再次循环到反应器中。为使成本最小化和生产率最大化，EB 的分离和循环过程需要适当的优化。因此，SM 装置一直是各种优化研究的目标，但没有办法进行包括反应器侧和分离侧的各种决策变量在内的整个装置优化。

本算例的研究目标是使用 PSE 的 gPROMS ProcessBuilder 和 gML 库建立苯乙烯生产流程模型。

5.3.2　利用 gPROMS ProcessBuilder 建立苯乙烯生产流程模型

1. 模型描述

本模拟算例的目的是使用 gPROMS ProcessBuilder 从头开始组装一个简单的反应器和两个蒸馏塔的流程图模型，并模拟其过程行为，苯乙烯生产流程如图 5-9 所示，主要包括：①物质进、出点；②蒸馏塔；③催化反应器；④热交换器；⑤混合器。

2. 启动软件创建模型

（1）单击"ProcessBuilder"，从 Windows"开始"菜单打开"gPROMS ProcessBuilder 1.4.0"。打开时，单击菜单工具栏"File→Open/Close Libraries…"加载出如图 5-10 所示的 gML 模型库。

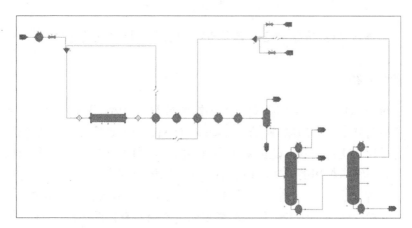

图 5-9　苯乙烯生产流程

图 5-10　加载 gML 模型库

此外，可以通过两种方式查看模型库内容：在项目树中或 palette 选项板中。默认情况下，模型库隐藏在项目树中，如有需要，可通过项目树顶部图标选择"Show all libraries"进行查看。通常在构建流程图时，可使用 palette 拖放模型，如果在窗口右侧没有出现 palette 选项板，单击"View→Palette"。

（2）新建项目：进入菜单栏中选择"File→New"，一个命名为"Project_1"的新项目出现在左侧项目树工具栏中。

（3）以其他名称保存新创建的项目：在项目树中右击"Project_1"，然后在右键菜单中选择"Save as..."，为文件选择适当的位置和名称（如 Styrene plant.gPJ）。

（4）创建苯乙烯生产模型：创建新模型，右击该项目树中的 Models 文件夹，在右键菜单中选择"New Entity…"弹出"New Entity"窗口，输入实体名称（如 Styrene_plant）并选择实体类型（如 Model），单击"OK"。默认弹出流程建模界面。

3. 创建流程

（1）单击流程建模界面中的"Topology"选项卡，从 palette 中拖放需要的模型到 Topology 窗口中。例如，"gML Basics"库中的"Source material gML""Sink material gML""Mixer gML""Stream analyser gML"；"gML Reaction"库中的"Reactor tubular gML"；"gML Heat Exchange"库中的"Heater gML"。

（2）排列图标，通过双击图标下方的文本编辑项自动生成模块名称，并根据需要连接模型，如图 5-11 所示。

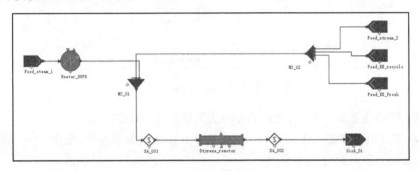

图 5-11　模型连接

4. 定义物理特性

（1）从 Windows"开始"菜单中打开如图 5-12 所示的 Multiflash 6.1 for Windows。

图 5-12　Multiflash 6.1 for Windows

（2）在 Multiflash 中，定义要使用的组分和热力学模型。

① 在菜单栏中单击"Home→Cmoponents"，弹出如图 5-13 所示的 Select components 窗口。

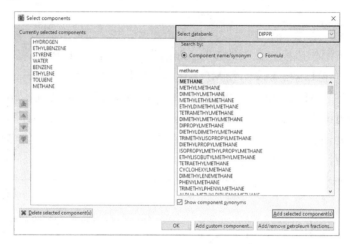

图 5-13　Select components 窗口

② 选择数据库：将"Select databank"更改为"DIPPR"。

③ 在 Filter 中键入组分名称（如 hydrogen），选中所需组分，单击"Add selected component(s)"将组分添加至列表。

④ 重复上述步骤，将所需组分添加至图 5-13 左侧窗口：HYDROGEN、ETHYLBENZENE、STYRENE、WATER、BENZENE、ETHYLENE、TOLUENE、METHANE，单击"OK"。

⑤ 在菜单栏中单击"Models→Select Model"，出现如图 5-14 所示的 Multiflash-Model selection 窗口。

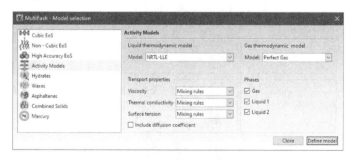

图 5-14　Multiflash-Model selection 窗口

⑥ 单击"Activity Models"，液相热力学模型选择"NRTL-LLE"，气相热力学模型选择"Perfect Gas"，勾选"Gas""Liquid 1""Liquid 2"，单击"Define model→OK"。

⑦ 菜单栏中选择"Home→Units"，弹出如图 5-15 所示的 Unit settings 窗口，在 Enthalpy/Entropy Datum 选项卡中都选择"Elements"。

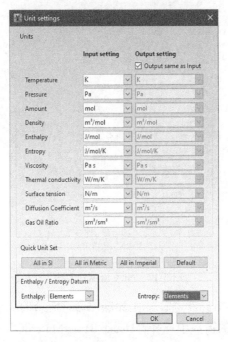

图 5-15　Unit settings 窗口

⑧ 选择"File→Save as…"保存配置文件，并将其另存为 Styrene_DIPPR_NRTL_LLE.mfl，保存在工作目录中。

⑨ 关闭 Multiflash。

（3）返回 gPROMS ProcessBuilder，选择"Tools→Import files…"，找到步骤⑧中的配置文件，单击"Import"。该文件将显示在项目树的"Miscellaneous Files"文件夹下。

（4）右击该项目树中的 Materials 文件夹，在右键菜单中选择"New Entity…"，弹出如图 5-16 所示的 New Entity 窗口，输入实体名称"Styrene_DIPPR_NRTL_LLE"，并选择实体类型"Material"，单击"OK"，出现如图 5-17 所示的 New Material 窗口。

在 New Material 窗口中勾选"from a Miscellaneous File"，并选择先前导入的配置文件 Styrene_DIPPR_NRTL_LLE.mfl，单击"OK"。

图 5-16　New Entity 窗口

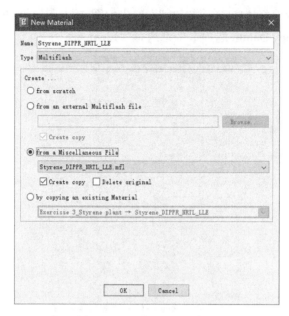

图 5-17　New Material 窗口

　　对进口物料进行参数设定时，在如图 5-18 所示的 Material 设置栏中点击"Specify…"。在弹出的窗口中选择"Use existing Material"，并在下拉栏中选择先前设置的 Styrene_DIPPR_NRTL_LLE 文件。

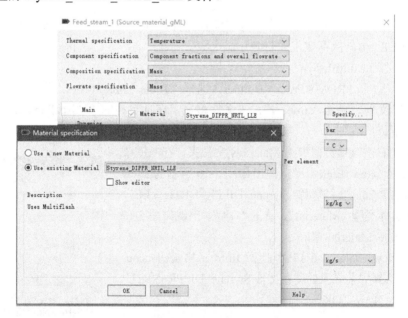

图 5-18　Material 设置

5. 设定相关参数

在流程建模界面的 Topology 窗口中，双击单元模型可进行相关参数设置，根据表 5-1～表 5-6 提供的信息进行各个模型设置。

表 5-1　Feed_steam_1 设置

Feed_steam_1 (Source_material_gML) – "Main" tab			
	Parameter	Value	Unit
	Material	Styrene_DIPPR_NRTL_LLE.pfo	—
	Pressure	0.4	bar
	Temperature	180	℃
	Hydrogen	0	
	Ethylbenzene	0	
	Styrene	0	
Mass fraction	Water	1	kg/kg
(Per element)	Benzene	0	
	Ethylene	0	
	Toluene	0	
	Methane	0	
	Mass flowrate	9.2	kg/s

表 5-2　Feed_steam_2 设置

Feed_steam_2 (Source_material_gML) – "Main" tab			
	Parameter	Value	Unit
	Material	Styrene_DIPPR_NRTL_LLE.pfo	—
	Pressure	0.4	bar
	Temperature	180	℃
	Hydrogen	0	
	Ethylbenzene	0	
	Styrene	0	
Mass fraction	Water	1	kg/kg
	Benzene	0	
	Ethylene	0	
	Toluene	0	
	Methane	0	
	Mass flowrate	1	kg/s

表 5-3　Feed_EB_recycle 设置

Feed_EB_recycle (Source_material_gML) – "Main" tab		
Parameter	Value	Unit
Material	Styrene_DIPPR_NRTL_LLE.pfo	—
Pressure	0.4	bar
Temperature	100	℃
Mass fraction　Hydrogen	0	
Ethylbenzene	1	
Styrene	0	
Water	0	kg/kg
Benzene	0	
Ethylene	0	
Toluene	0	
Methane	0	
Mass flowrate	10	kg/s

表 5-4　Feed_EB_fresh 设置

Feed_EB_fresh (Source_material_gML) – "Main" tab		
Parameter	Value	Unit
Material	Styrene_DIPPR_NRTL_LLE.pfo	—
Pressure	0.4	bar
Temperature	180	℃
Mass fraction　Hydrogen	0	
Ethylbenzene	1	
Styrene	0	
Water	0	kg/kg
Benzene	0	
Ethylene	0	
Toluene	0	
Methane	0	
Mass flowrate	3.9	kg/s

表 5-5　Heater_SHPS 设置

Heater_SHPS (Heater_gML) – "Main" tab		
Parameter	Value	Unit
Thermal specification	Temperature	—
Temperature	795	℃

表 5-6　Styrene_reactor 设置

Styrene_reactor (Reactor_tubular_gML)			
Tab	Parameter	Value	Unit
Design	Inner radius specification	Radius	—
	Inner radius	0.762	m
	Length	12.19	m
Pressure	Pressure drop correlation	Smooth pipe (Blasius correlation)	—
Reactions	Reactor type	Heterogeneous	—
	Component concentration basis	Partial pressures	
	Irreversible reactions	Side reaction Bz	
		Side reaction Tol	
	Reversible reactions	Main reaction SM	
	Stoichiometric matrix	Reaction	SR Bz	SR Tol	MR SM
		Hydrogen	0	−1	−1
		Ethylbenzene	−1	−1	−1
		Styrene	0	0	1
		Water	0	0	0
		Benzene	1	0	0
		Ethylene	1	0	0
		Toluene	0	1	0
		Methane	0	1	0
Reactions-rate expression	Reaction order	Reaction	SR Bz	SR Tol	MR SM
		Hydrogen	0	1	—
		Ethylbenzene	1	1	—
		Styrene	0	0	—
		Water	0	0	—
		Benzene	0	0	—
		Ethylene	0	0	—
		Toluene	0	0	—
		Methane	0	0	—
	Reaction order-forward step	Reaction	SR Bz	SR Tol	MR SM
		Hydrogen	—	—	0
		Ethylbenzene	—	—	1
		Styrene	—	—	0
		Water	—	—	0
		Benzene	—	—	0
		Ethylene	—	—	0
		Toluene	—	—	0
		Methane	—	—	0

续表

Tab	Parameter	Value			Unit
		Styrene_reactor (Reactor_tubular_gML)			
	Reaction	SR Bz	SR Tol	MR SM	
	Hydrogen	—	—		1
	Ethylbenzene	—	—		0
	Styrene	—	—		1
Reactions-rate expression	Reaction order-reverse step	Water	—	—	0
	Benzene	—	—		0
	Ethylene	—	—		0
	Toluene	—	—		0
	Methane	—	—		0

6. 运行模拟

（1）在项目树中右击 Models 文件下的"Styrene_plant"，并在右键菜单中选择 "Edit PROCESS"。此时，在项目树中的 Process 文件夹下会创建一个同名文件，右击"Processes→Styrene_plant"，再单击"Simulate"弹出 Simulate 对话框。

（2）单击"OK"，此时项目树中将创建一个新文件夹。默认情况下，算例名称是进程名称（即 Styrene_plant）加上日期和时间的串联。在该文件夹中可查看模拟计算结果。

7. 分析结果

模拟完成后，打开 Trajectories 文件夹即可查看结果，图 5-19 为查看结果界面。

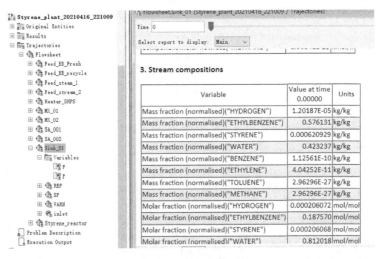

图 5-19　查看结果界面

此外，也可在该文件夹下选择"Execution Output→Topplogy:Flowsheet"，通过双击模块查看结果。

8. 流程中加入热交换器和闪蒸分离器

（1）将以下模型加入流程中："gML Heat Exchange"库中的"Heat exchanger gML"和"Cooler gML"；"gML Separations - Fluid-Fluid"库中的"Separator 3 phase gML"；"gML Basics"库中的"Sink material gML"和"Recycle breaker gML"。

（2）连接流程，图 5-20 为加入热交换器和闪蒸分离器后的流程连接图。

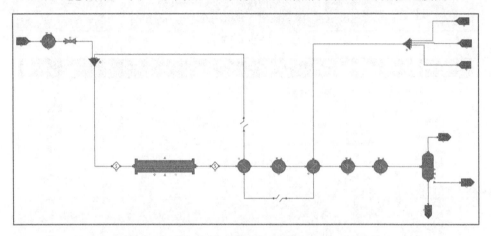

图 5-20　加入热交换器和闪蒸分离器后的流程连接图

（3）设定相关参数，根据图 5-21 分别设置相关参数。

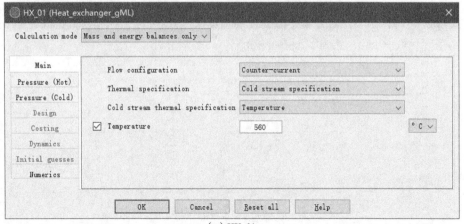

（a）HX_01

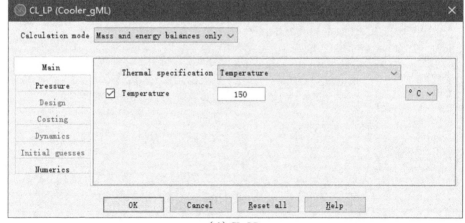

（b）CL_HP

（c）HX_02

（d）CL_LP

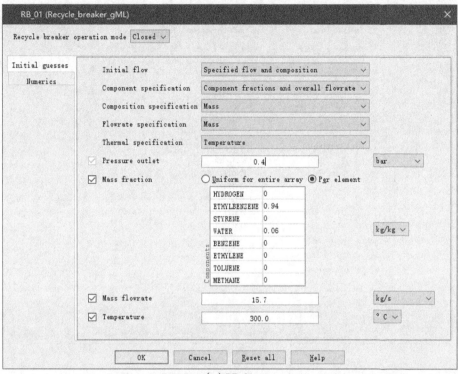

（e）RB_01

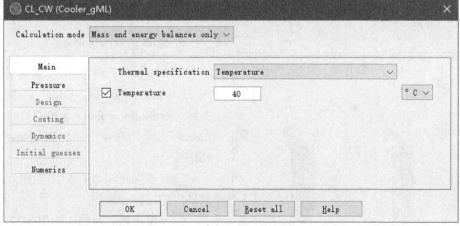

（f）CL_CW

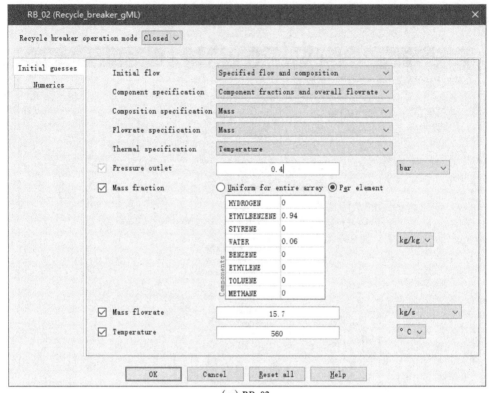

（g）RB_02

图 5-21　相关参数设置页面

（4）运行模拟并查看结果。

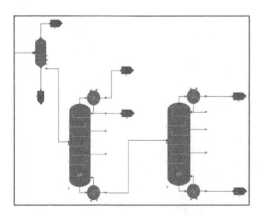

图 5-22　加入精馏塔后的流程连接图

9. 流程中加入精馏塔

（1）将以下模型加入流程中："gML Separations-Fluid-Fluid"库中的 2 个"Distillation column gML"；"gML Basics"库中的 4 个"Sink material gML"。

（2）连接流程，图 5-22 为加入精馏塔后的流程连接图。

（3）设定相关参数，如图 5-23 和图 5-24 所示。

（4）运行模拟并查看结果。

图 5-23　DC_01 设置

10. 流程中加入循环

（1）删除"Top_Liquid"，添加循环回路和循环断路器。

（2）右击"Feed_EB_recycle"，打开如图 5-25 所示的 Changing MODEL for Feed_EB_recycle 对话框，选择"MODELs with port structure matching current connectivity"，并在 Use MODEL 中选择"Recycle_breaker_gML"，单击"OK"。

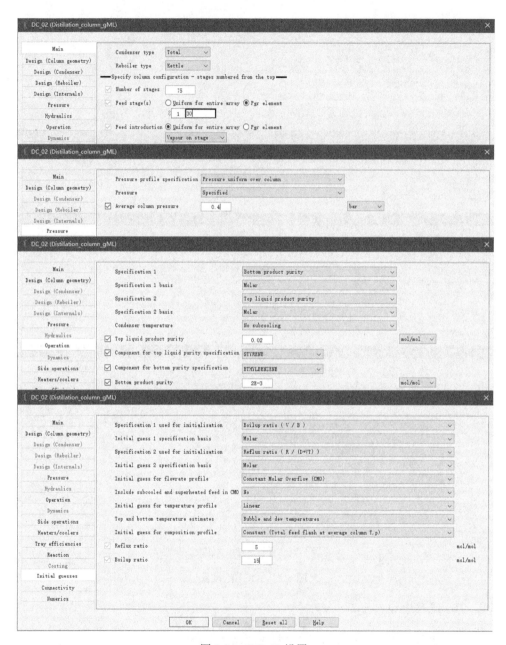

图 5-24　DC_02 设置

（3）连接流程，图 5-26 为循环流程连接图。

（4）将 "Recycle_breaker_gML" 命名为 "RB_03"，如图 5-27 所示进行设置。

（5）按照前文中同样的步骤运行模拟并查看结果。

图 5-25　Changing MODEL for Feed_EB_recycle 对话框

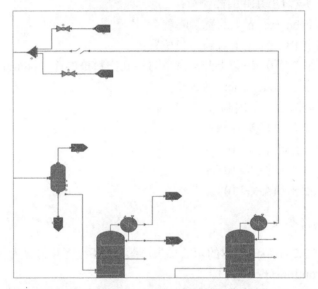

图 5-26　循环流程连接图

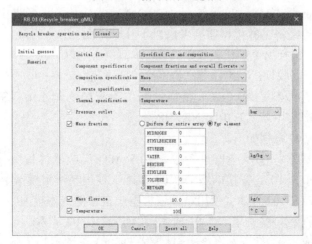

图 5-27　RB_03 设置

5.3.3　利用 gPROMS ProcessBuilder 优化苯乙烯生产流程工艺

1. 目标

在处理高度耦合的系统以寻求真正的最优解时，基于模拟的试错来进行优化具有很大的局限性。因此，本小节旨在了解如何创建和设置苯乙烯生产装置工艺的优化问题。

本小节的重点是通过操控以下变量使工厂的年利润总额最大化：

（1）热交换器 CL_HP 的热负荷；

（2）进料 Feed_steam_1 的质量流量；

（3）精馏塔 DC_01 上的进料入口位置；

（4）精馏塔 DC_01 塔釜上升蒸汽量与塔底出料量的比（boilup ratio）；

（5）反应器 Styrene_reactor 的长度。

此外，还需满足一些限制条件，例如：

（1）HX_01 入口温差>10℃；

（2）HX_01 出口温差>10℃；

（3）HX_02 入口温差>10℃；

（4）HX_02 出口温差>10℃。

2. 设定优化参数

（1）打开 5.3.2 小节中创建的苯乙烯生产装置算例，将其另存为其他文件名（如 Styrene_plant_optimisation.gPJ）。

（2）进行工艺装置优化还需要一系列经济估算模型的设置，在该模型的"Models→Styrene_plant_optimisation→gPROMS language"选项卡中进行编辑。

本算例中的经济估算模型需要考虑以下几个方面。

（1）首先，进行所需的相关参数设置，本算例考虑以下几点：①装置年运行时间；②固定资产回收期；③高压蒸汽价格；④低压蒸汽价格；⑤冷却水价格；⑥锅炉燃料价格；⑦原料乙苯（EB）价格；⑧主反应产物苯乙烯（STYRENE）价格；⑨副反应产物甲苯（TOLUENE）价格。

（2）经济估算方程如下。

固定资产成本：①反应器设备成本=$0.5×10^5×$反应器体积$(m^3)^2+0.5×10^6×$反应器体积$(m^3)+0.5×10^7$；②精馏塔 DC_01 成本（使用精馏塔模型中自带的成本模型）；③精馏塔 DC_02 成本（使用精馏塔模型中自带的成本模型）；④固定资产成本=反应器设备成本+精馏塔 DC_01 成本+精馏塔 DC_02 成本。

工艺运行成本：①低压蒸汽产率=精馏塔 DC_01 再沸器热负荷+精馏塔 DC_02 再沸器热负荷+冷却器 CL_LP 热负荷；②高压蒸汽产率=进料 Feed_Steam_1 流率+

进料 Feed_Steam_2 流率+CL_HP 热负荷；③锅炉供热量=加热器 Heater_SHPS 热负荷；④年运行成本=装置年运行时间×（高压蒸汽产率×高压蒸汽价格+低压蒸汽产率×低压蒸汽价格+锅炉供热量×锅炉燃料价格）。

年收入：年收入=装置年运行时间×（苯乙烯产率×苯乙烯价格+甲苯产率×甲苯价格-乙苯进料率×乙苯价格）。

年均利润：年均利润=年收入-年运行成本-固定资产成本/固定资产回收期。

3. 创建优化模块

（1）对原算例中的精馏塔模型根据图 5-28 所示内容更改精馏塔 DC_01 设置。

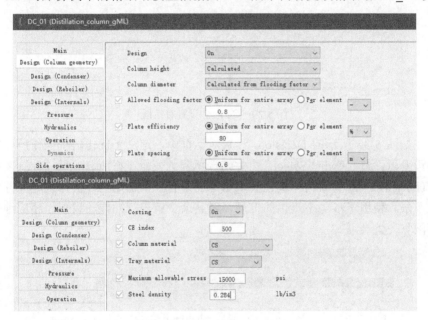

图 5-28　精馏塔 DC_01 设置

（2）在项目树中单击右键并选择"New Entity"。输入命名（如 Styrene_plant_optimisation），选择实体类型"Optimisation"，然后单击"OK"。此时，出现一个新对话框窗口，一个命名为 Styrene_plant_optimisation 的文件将出现在项目树中的 Optimisations 文件夹下。

（3）选择"Optimisations→Styrene_plant_optimisation"，对新建的文件进行如图 5-29 所示的设置。在 General 选项卡中，Process 选择"Styrene_plant_optimisation"；在 Objective function 中键入所需目标函数的路径（wsheet.Total_annualized_profit_MM_USD）；在 Type of optimisation 中选择"Steady-state（point）"，并勾选"Maximise"。

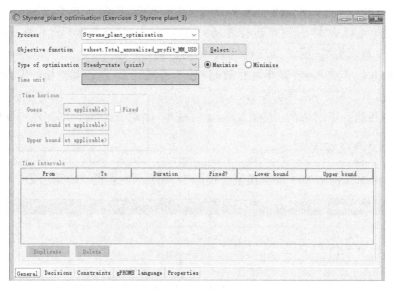

图 5-29　General 设置对话框

　　在如图 5-30 所示的 Decisions 设置对话框中，定义了优化流程操作所需的所有决策变量。通过单击"Select…"并勾选所需的变量，将所选变量的控制类型选为"Time-invariant"。此外，优化要求每个变量有一个初始估计值作为起点并指定其上下限。使用表 5-7 中提供的信息，对其余变量进行同样的设置，相应地指定上下限和变量类型。

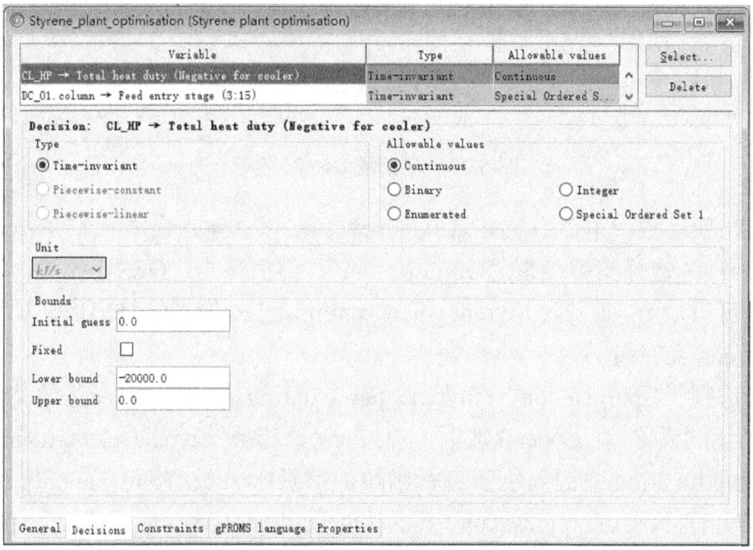

图 5-30　Decisions 设置对话框

表 5-7　变量参数设置

约束变量	单位	变量类型	取值类型	初始值	下限值	上限值
CL_HP→Total heat duty (Negative for cooler)5	—	Time-invariant	Continuous	0.0	−20000.0	0.0
Flowsheet.DC_01.column.OPT.s_F_L_2(3:15)	—	Time-invariant	SOS1	9.0	—	—
DC_01→Boilup ratio	—	Time-invariant	Continuous	1.0	0.2	3.0
Feed_steam_1→Mass flowrate	kg/s	Time-invariant	Continuous	9.2	5.0	15.0
Styrene_reactor→Length	m	Time-invariant	Continuous	12.19	10.0	20.0

　　在如图 5-31 所示的 Constraints 设置对话框中，定义了优化所需的所有安全和操作限制，使用表 5-8 中的信息填写。

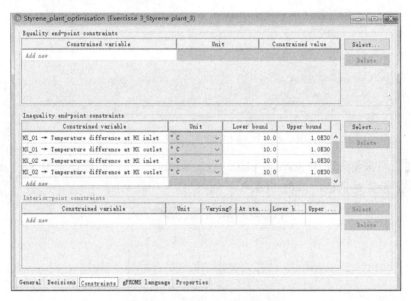

图 5-31　Constraints 设置对话框

表 5-8　限制条件设置

Inequality end-point constraints		
Constrained variable	Lower bound	Upper bound
HX_01→Temperature difference at HX inlet	10.0	1.0E30
HX_01→Temperature difference at HX outlet	10.0	1.0E30
HX_02→Temperature difference at HX inlet	10.0	1.0E30
HX_02→Temperature difference at HX outlet	10.0	1.0E30

4. 运行优化模拟

（1）在运行优化模拟之前，打开 Processes 文件夹中的"Styrene_plant_optimised"，在如图 5-32 所示的 Solution parameters 设置对话框中，进入"Numerical solvers→DOSolver→MINLPSolver"，然后选择"OAERAP"。另外，转到"Numerical solvers→DOSolver→MINLPSolver→NLPSubProblemInitialGuesses"，再选择"FullyRelaxedNLP"。

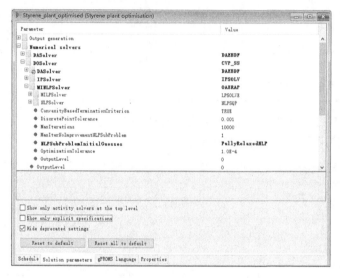

图 5-32　Solution parameters 设置对话框

（2）右击新创建的 Styrene_plant_optimisation 文件，并选择如图 5-33 所示的 Optimise 设置对话框，单击"OK"。

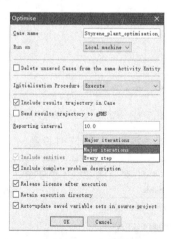

图 5-33　Optimise 设置对话框

5. 优化结果

（1）新创建的算例结果文件夹如图 5-34 所示。

图 5-34　算例结果文件夹

（2）打开其中的文本文件"Styrene_plant_optimisation.SCHEDULE"（图 5-35）。复制 SCHEDULE 部分，将其粘贴到新建的 Process 模块（Styrene_plant_optimisation_results）中 gPROMS language 窗口的末尾，并删除其中的 RESTORE"Styrene_plant_optimisation_SVS"字段。

```
 8  SCHEDULE
 9
10    SEQUENCE
11
12
13      PARALLEL
14
15        RESTORE "Styrene_plant_optimisation_SVS" ;
16
17        RESET
18
19          Flowsheet.CL_HP.SP_Q(1).Q := -5018.97;
20          Flowsheet.DC_01.column.SP(1).spec_boilup_ratio_molar := 0.484194;
21          Flowsheet.Feed_steam_1.SP_F_w.mass_flowrate := 8.97378;
22          Flowsheet.Styrene_reactor.CH.SIZE.CYL(1).L := 13.0246;
23          Flowsheet.DC_01.column.OPT.s_F_L_2(3) := 0;
24          Flowsheet.DC_01.column.OPT.s_F_L_2(4) := 0;
25          Flowsheet.DC_01.column.OPT.s_F_L_2(5) := 0;
26          Flowsheet.DC_01.column.OPT.s_F_L_2(6) := 0;
27          Flowsheet.DC_01.column.OPT.s_F_L_2(7) := 0;
28          Flowsheet.DC_01.column.OPT.s_F_L_2(8) := 0;
29          Flowsheet.DC_01.column.OPT.s_F_L_2(9) := 0.999456;
30          Flowsheet.DC_01.column.OPT.s_F_L_2(10) := 0;
31          Flowsheet.DC_01.column.OPT.s_F_L_2(11) := 0;
32          Flowsheet.DC_01.column.OPT.s_F_L_2(12) := 2.3826E-05;
33          Flowsheet.DC_01.column.OPT.s_F_L_2(13) := 0.00010685;
34          Flowsheet.DC_01.column.OPT.s_F_L_2(14) := 0.000180178;
35          Flowsheet.DC_01.column.OPT.s_F_L_2(15) := 0.000232983;
36
37        END
38
38:34  INS
gPROMS language  Properties
```

图 5-35　Styrene_plant_optimisation.SCHEDULE 窗口

（3）运行模拟过程。模拟完成后，展开结果算例文件中的"Trajectories"文件夹，可查看一系列优化结果。

例如，观察反应器出口处的质量分数优化结果，如图 5-36 所示。其中，第一行是优化前反应器出口处的质量分数，第二行是优化后的最优结果。

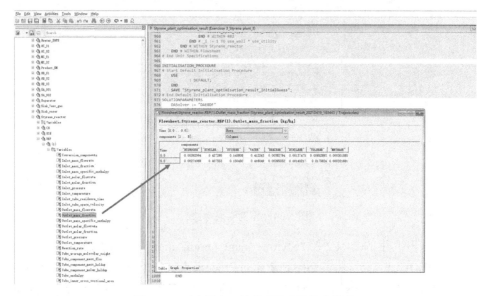

图 5-36　反应器出口处的质量分数优化结果

参 考 文 献

[1] 龚明, 韩相弼. 过程工业的第一原理模型和先进过程模拟技术应用: 回顾, 现状与展望[C]. 中国化工学会, 北京, 2017:171-173.

[2] 杨友麒, 项曙光. 化工过程模拟与优化[M]. 北京: 化学工业出版社, 2006.

[3] 鄢烈祥. 化工过程分析与综合[M]. 北京: 化学工业出版社, 2010.

[4] 寇晨辉, 彭雷, 杜增智, 等. 基于联立方程法的二甲苯分离工艺模拟与优化研究[J]. 计算机与应用化学, 2018, 35(9): 719-724.

[5] 李晓雪. 氯乙烯精馏过程的模型化与仿真[D]. 北京: 北京化工大学, 2015.

[6] 赵斐. 过程系统分析与优化的数值-符号混合算法研究[D]. 杭州: 浙江大学, 2018.

[7] DEPREE N, SNEYD J, TAYLOR S, et al. Computers and chemical engineering[J]. Computers & Chemical Engineering, 2010, 34(11):1849-1853.

[8] PANTELIDES C C, RENFRO J G . The online use of first-principles models in process operations: Review, current status and future needs[J]. Computers & Chemical Engineering, 2013, 51(5):136-148.

[9] 王义闹. 基于联立方程计量经济学模型的经济系统预测与控制方法[J]. 温州大学学报(自然科学版), 2019, 40(1): 1-8.

第6章　环境与安全分析软件

6.1　大气扩散分析软件介绍

大气扩散模型系统（atmospheric dispersion modeling system，ADMS）的开发始于 1988 年，由英国剑桥环境研究公司（Cambridge Environmental Research Consultants，CERC）与英国气象局和英国电力行业的专家合作开发。作为新一代稳态大气扩散模型，ADMS 是目前国际大气扩散主流模型之一，也是国内大气环评导则推荐模型之一[1-3]。在我国，ADMS 广泛应用于建设项目/规划环境影响评价、城市交通/环境政策评估、大气扩散特点研究等方面[4-7]。2005 年，伦敦空气质量预报系统采用 ADMS-城市模型对污染物 NO_2 的污染水平进行预测，目的是为敏感人员提供可避免或减轻身体危害的预报信息，公众可通过定位了解所处地区的空气污染状况。该预测分析涉及总面积约 $2500km^2$，此系统在 2011 年获得"伦敦市可持续发展奖"。

ADMS 自 2000 年进入中国市场就得到了广泛认可并在多领域应用，同年通过了国家环境保护总局环境工程评估中心的认证，在《环境影响评价技术导则 大气环境》(HJ 2.2—2008)中被列为大气环境影响预测与评估的推荐模型。

ADMS 基于最新的大气边界层和大气扩散理论，将其应用于空气污染物扩散模式中，应用现有的基于 Monin-Obukhow 方程中长度和边界层高度描述边界层结构参数的最新大气物理理论，可精准地定义边界层特征参数，并采用 PDF 模式和小风对流模式，可模拟计算点源、线源、面源、体源所产生的浓度，使得 ADMS 可综合处理多种类型污染物，且不受模型范围影响，特别适用于对高架点源的大气扩散模拟[8-10]。

目前，针对以大气领域为重点的 ADMS，其适用的专业范围包括大气质量和大气扩散、烟尘和热流运动、危险气体扩散及制冷剂或挥发剂溢流、复杂的大气气流。以下为 ADMS 的主要技术特征[11]：

（1）能处理所有的污染源类型（点源、道路源、面源、网格源和体源）；

（2）拥有气象预处理模块；

（3）可使用当地边界层参数先进的倾斜式高斯模型；

（4）拥有内嵌式烟羽抬升模型；

（5）可评估建筑物的影响；

（6）可模拟复杂的地形；

（7）具有干湿沉降功能；

（8）拥有化学模块。

6.1.1　ADMS

目前 ADMS 主要包括大气扩散模型、环境事故排放模型、排污清单管理工具、复杂气流模型。其中，大气扩散模型包括 ADMS-环评（ADMS-EIA）、ADMS-城市（ADMS-Urban）、ADMS-工业（ADMS4）、ADMS-机场（ADMS-Airport）、ADMS-筛选（ADMS-Screen）等。环境事故排放模型包括 CERC 开发的高浓度气体扩散模型（GASTAR）、基于 ADMS 方法分析短期意外释放的模型（ADMSSTAR）、用来计算液体池散布和蒸发过程的工具（LSMS）等。各模型简单介绍如下[12-13]。

1. 大气扩散模型

ADMS-EIA 是一个可综合处理多种类型污染源的系统，可同时模拟单个或多个工业源（包括点源、面源、线源、体源）和交通源。ADMS-EIA 适用于建设项目环境影响评价、交通道路环境影响评价、区域规划政策环境影响评价、大气环境容量计算等项目。

ADMS-Urban 在 ADMS-EIA 的基础上可处理更大量的污染源，进行更为复杂的化学反应模拟，适用于从街道尺度到大型城市尺度的模拟。在世界范围内，ADMS-Urban 广泛应用于城镇、城市、高速公路、大型工业基地等复杂条件的空气质量评价、规划措施评价、交通污染管理、空气质量预测等。

ADMS4 用于对工业污染源进行详细模拟与评价，除在 ADMS-EIA 基础上进行常规扩散模拟外，可进行多种污染物特殊属性或特殊环境条件要求的模拟，适用于工业建设项目、工业园区的环境影响评价、环境风险评价，以及对污染物扩散特性进行研究的科研项目。

ADMS-Airport 是全面的机场空气质量管理工具，在拥有 ADMS-Urban 模型全部功能的基础上，有效模拟喷射式动力源的污染物扩散，可同时模拟 500 个飞机喷射源，1500 条道路源（每条可有 50 个拐点），1500 个工业源（包括点源、线源、面源和体源）。

ADMS-Screen 是简单易用的单一工业污染源快速评价工具，可利用少量的基本数据输入模拟各种气象条件下的污染物扩散情况，确定浓度最大值与出现位置，适用于进行污染源初步评价，以确定下一步详细评价程度与范围。

2. 环境事故排放模型

GASTAR 适用于可燃性或有毒物质瞬时或持续释放（如随时间变化的低温喷溅、管道断裂、多向喷射、突发的储罐破损等）扩散模拟，需考虑地形、地表粗糙度、障碍物的影响。GASTAR 适用于环境风险评价、突发环境事故评估、环境应急管理等场景。

ADMSSTAR 基于 ADMS 方法的分析，用于计算污染物浓度和放射性物质或化学物质的沉积速率。当无法获得详细排放信息时，可通过现场采集样本估算污染源排放情况。ADMSSTAR 可考虑在时间和空间气象变化条件下复杂地形的影响。

LSMS 应用于计算液体池的散布与蒸发。作为一维浅水层模型，LSMS 与积分模型相比，能提供更详细的液体泄漏的散布和蒸发信息。LSMS 的输出结果能直接应用于 GASTAR，以进行下一步蒸汽扩散的研究[14]。

3. 排污清单管理工具

EMIT 是高效的排污清单管理工具，通过树枝形结构进行不同情景、类别污染源管理，更加节省污染源输入、编辑时间。EMIT 内置多种污染源排污因子，能够快速估算污染物排放量，同时可快速、方便地进行各种情景设定下的评估分析。

4. 复杂气流模型

复杂气流模型（FLOWSTAR）用于模拟大气边界层中复杂情形下风场与湍流场的变化，以及风力发电厂规划、森林风运动、大气污染物扩散等情况下的气流运动。

6.1.2　ADMS-EIA 操作界面

ADMS-EIA 是 ADMS 系列中最复杂的一个系统，可以作为独立的系统使用，也可以与一个地理信息系统联合使用。ADMS-EIA 可以与美国 MapInfo 公司的桌面地理信息系统软件 MapInfo 和美国环境系统研究所公司（Environmental Systems Research Institute, ESRI）的桌面地理信息系统 ArcView 结合使用。推荐将 ADMS-EIA 与这两种地理信息系统中的任何一种一起使用，因为这样可以使用数字地图数据、CAD 制图、航片等真实直观地设置污染问题，并在所使用的不同类型地图数据上生成等值平面图和报告图形等。

本小节介绍 ADMS-EIA 界面并解释各个菜单选项，以及 ADMS-EIA 和 ArcView 的联合使用。

1. 启动 ADMS-EIA

ADMS-EIA 的界面可用两种方式启动，分别为与 ArcView 联合启动或单独启动。建议采用第一种方式，因为对于一个典型的 ADMS-EIA 项目，通过 ArcView 地图更易给模型添加污染源数据。同时，ArcView 还可提供多种工具浏览输出结果。与 ADMS-EIA 相关的 ArcView 功能将在本节有所说明。

1）同时启动两套软件

（1）启动 ArcView。

（2）通过"File→Extensions"命令打开 Extensions 对话框。

（3）选择"ADMS-EIA"选项，然后单击"OK"。

2）单独启动 ADMS-EIA

启动 ADMS-EIA 后，ADMS-EIA 系统界面的最上面是一条题目栏显示"ADMS-EIA: (untitled)"。untitled 是指未命名的模型文件名。

2. ADMS-EIA 菜单

ADMS-EIA 包含八个菜单，分别为"文件""运行""结果""工具""高级的""污染物""污染排放""帮助"。

大多数的菜单下有一系列的命令。菜单命令的选项功能如表 6-1 所示。

表 6-1　ADMS-EIA 菜单命令介绍

菜单	命令	功能
文件	新项目	重设数据参数为其默认值
	打开新项目	可打开一个以前保存过的模型文件
	保存项目	用现有文件名保存现有参数
	另存项目为	用新文件名保存现有参数
运行	运行项目	用现有参数运行模型
	参数 排污清单数据库	允许用户定义连接到 ADMS-EIA 的排污 数据库文件路径
	参数 运行时间	允许用户定义运行窗口格式以及运行 结束时的退出方式
	参数 浏览输出	允许用户选择浏览输出结果的方式： 记事本、写字板或用户自定义的应用程序
	退出	退出 ADMS-EIA
结果	X-Y 绘图	启用线性绘图功能
	等值平面图	启用等值平面图绘制功能
	数字的	打开记事本、写字板和其他用户自定义的 程序浏览和编辑输出数字文件
工具	OS 到地形文件	将测绘局的 Landform Panorama 数据格式转化为 ADMS 地形文件格式启用转化工具
	SURFER	启动 Surfer 等值平面图绘制
高级的	建筑物	打开"建筑物"窗口输入建筑物参数
	山丘	打开"山丘"窗口选择地形文件数据或 地表粗糙度文件
	烟团	部分版本中提供
	波动	部分版本中提供

续表

菜单	命令	功能
高级的	放射性	部分版本中提供
	模拟建筑物	在"建筑物"窗口启动 ADMS 建筑物影响块
	模拟山地	在"山地"窗口启动 ADMS 复杂地形模块
	模拟烟团	部分版本中提供
	模拟波动	部分版本中提供
	模拟放射性	部分版本中提供
污染物	定义污染物	打开"污染物"界面，添加新的污染物或编辑现有污染物
污染排放	从污染数据库中输入	从排污清单数据库中输入污染物和污染源数据到 ADMS-EIA 中
	输出到污染数据库中	从 ADMS-EIA 中将污染物和污染源数据输出到排污清单数据库中
	从排污清单中删除污染物	从排污清单中删除污染物
	从排污清单中删除污染源	从排污清单中删除污染源
帮助	关于	展示关于 ADMS-EIA 的信息
	许可证细节	展示 ADMS-EIA 许可证的信息

3. Arc View 工程界面

如图 6-1 所示，ArcView 刚启动时，未命名"Untitled"工程，窗口将出现一个对话框，包括"Views""Tables""Charts""Layouts""Scripts"。

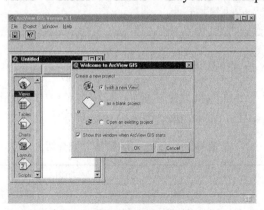

图 6-1　ArcView 的工程界面

通过"File→Extensions"命令打开 Extensions 对话框。Extensions 对话框中将出现 ADMS-EIA 软件的等值平面图，单击左侧的"ADMS-EIA Link"或"ADMS-EIA Link（Surfer）"，选择后单击"OK"，连接"ArcView"和"ADMS-EIA"。

"Views"包括多个地图图层或主题。若想产生一个新的"View",可在工程界面中单击"",并单击"New"。如果已经在 ArcView 中建立了一个"View",可从视图的菜单上选择"Open"。

4. ArcView 中的"View"

"View"包括一系列地图图层或主题,以及光栅数据,如航空图片或军事测量光栅地图矢量数据。例如,道路网络或行政边界,这些可能是 ArcView 中的 Shape 文件、CAD 文件、ARC/INFO 文件库或模拟的污染物浓度数据。

5. 在 ArcView 中的 ADMS-EIA 控制键说明

表 6-2 介绍了加入 ArcView 工具栏的 ADMS-EIA 控制键功能。其他控制键的信息可见 ArcView 手册。

表 6-2 ADMS-EIA 控制键功能介绍

控制键	功能	控制键	功能
	使 ADMS-EIA 模型界面启动		刷新显示
	在文件中加入新的点源		给 ADMS-EIA 加入一个点源
	在文件中加入新的道路源		在现有的文件中加入新的面源
	给 ADMS-EIA 加入一个点源（在道路源的终点双击）		给 ADMS-EIA 加入一个点源（在面源的终点双击）
	在文件中加入新的接受点		为运算输出污染浓度定位新的接受点
	在 ADMS-EIA 的输出结果中建立一个等值平面图		

6.1.3 ADMS-EIA 基础操作

ADMS-EIA 模型界面包括六个主要界面。单击对应的控制键可看到各个界面,在界面可进行输入编辑,具体功能介绍如表 6-3 所示。

表 6-3 ADMS-EIA 界面功能介绍

界面	功能
设置	可输入参数描述当地环境、位置、纬度以及各种模型选项
污染源	可输入参数描述各种污染源类型、污染源维数、污染源位置和污染排放率
气象	可输入参数描述气象条件
化学	可选择不同的化学模式并输入污染物背景浓度值
网格	可定义模型输出网格的类型和位置或定义各个接收点的位置
输出	可为模型的运行选择污染物、污染源、污染源组和平均时间

1. 输入界面操作

当 ADMS-EIA 启动时，设置界面如图 6-2 所示。菜单栏出现了"untitled"，表明有一个包含缺省数值的新文件。

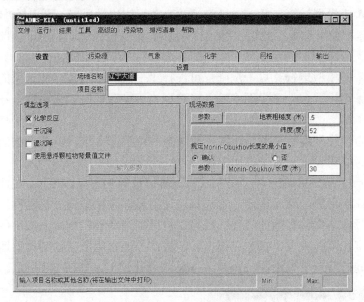

图 6-2　设置界面

在每一个界面都可输入所需的参数，参数只能输入有效的空格，模型并不使用呈浅灰色的无效空格数值。选择个别的选项会引起其他选项关闭，导致其中的文字也呈浅灰色，有些模块在 ADMS-EIA 模型中互不兼容，不能同时运行。

尽管输入各个界面的数据并非完全互不相关，但是它们可以用任何顺序输入。一般使用 ADMS-EIA 系统时，建议按从左到右的顺序完成各个界面参数输入，以确保所有模型所需的参数都得到了定义。

在运行模型之前，一旦已经输入了数据，建议保存模型文件为\\PATHNAME\filename.upl。

用户可以用任何文件名在任何分目录下保存文件，但是建议每一个模型输入文件名都有根目录.upl，这样在寻找和启动以前保存过的文件时，更容易辨认模型文件。

2. 设置界面操作

设置界面见图 6-2。输入此处的数据代表正在调查问题使用的任何模型选项，以及现场地表粗糙度的一个总结。

　　"场地名称"和"项目名称"栏最多输入 92 个字母，也可以为空。这些定义将在.log 输出文件中显示出来。"模型选项"可以在模型运行时选择任意数目的选项，单击选择一个选项，将出现一个十字叉符号，再次单击可以免选此项并移去十字叉符号。

　　如果希望模型计算包括 NO、NO_2 和 O_3 之间的化学反应，可选择"化学反应"选项。注意，如果选择了此项，"化学"界面键将变成黑色，表示可在此界面中输入数据。

　　如果希望模型运行计算干沉降，可选择"干沉降"选项。此选项的沉降参数是在"污染物设置…"子界面中输入（选择"污染源"→"污染物"→"定义污染物"）。

　　如果希望模型运行计算湿沉降，可选择"湿沉降"选项。此选项的沉降参数也是在"污染物设置…"子界面中输入。

　　如果希望 ADMS-EIA 模型用初始污染排放计算的污染浓度值，在此基础上增加固定悬浮颗粒物的背景浓度，可选择"使用悬浮颗粒物背景值文件"选项。在背景悬浮颗粒物文件界面的"现场数据"栏可制定地表粗糙度，如所研究区域的地表粗糙度长度。单击"参数"键可显示根据土地利用所建议的典型地表粗糙度长度值，同时展示了最小 Monin-Obukhov 长度建议值，如图 6-3 所示。

（a）根据土地利用设置的典型地表粗糙度长度值　　　　　（b）最小 Monin-Obukhov 长度建议值

图 6-3　研究区域设置

　　使用"浏览"键可以找到模型使用的背景值文件。图 6-4 为背景悬浮颗粒物文件界面。

　　背景悬浮颗粒物文件应具有根目录.par，如图 6-5 所示，Particle.par 位于 C:\CERC\ADMS-EIA\DATA 的目录下。另外，在同一模型中运行.par 文件的时期必须与气象文件相同。例如，同年同月同日和相同的小时序列。

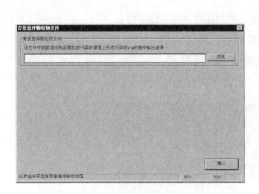

图 6-4　背景悬浮颗粒物文件界面　　　　图 6-5　背景悬浮颗粒物文件根目录.par 的界面

3. 污染源界面操作

污染源界面包括三个表格，分别为"道路污染源""工业污染源""网格源"。每次只能浏览其中一个表格，切换时单击污染源界面污染源表格下的小圆键。下面将对"道路污染源"和"工业污染源"的设置进行介绍。

1)"道路污染源"设置

有两种途径可以在 ADMS-EIA 中输入新污染源，分别是在相应的污染源表格上单击"新建"或者通过选择 ArcView 中相应的加入污染源工具，再单击地图中的污染源位置。图 6-6 分别展示了道路交通源的"污染源"界面和路源的"污染排放"子界面。

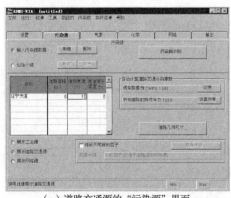

（a）道路交通源的"污染源"界面　　　　（b）路源的"污染排放"子界面

图 6-6　"道路污染源"设置方式

2）"工业污染源"设置

（1）选择"输入污染源数据→显示点源→更新"命令，在输入表格中选择"污染源类型"，从菜单中选择"P"；

（2）单击污染源表格中的小格，将缺省数值改为实际数值；

（3）输入污染排放时，单击"污染源名称"，然后单击"污染排放"，也可以编辑污染源表格中的数值或名称。如需删除一个污染源，可单击表格，然后选择"输入污染源数据"选项并单击"删除"，如图 6-7 所示。

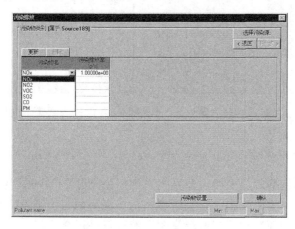

图 6-7　污染源设置子界面

6.1.4　模拟算例：单个高架点源模拟

1. 启动 ADMS-EIA

（1）双击表 6-2 所示的控制键，启动 ADMS-EIA；

（2）输入项目和场地的名称；

（3）单击"参数"，根据土地利用情况选择地表粗糙度数值，ADMS-EIA 使用的地表粗糙度默认值为 0.5m（针对郊区），也可以在"设置"中输入其他数值；

（4）选择地表粗糙度数值为 0.2m；

（5）输入纬度为 40°（北京地区），Monin-Obukhov 长度为 30m（适用于城市和大的城镇）。

2. 输入污染源数据

（1）在污染源分界面选择"工业污染源"选项；

（2）单击"更新"，在表格中添加新的污染源；

（3）给污染源输入一个新的名称；

（4）单击污染源数据表格，输入新的数据取代默认值。设置污染源高为 50m，直径为 3.5m，排放速度为 25m/s，温度为 65.5℃，保留污染源坐标为（0,0）。

3. 给一个工业污染源定义排污信息

（1）单击"排污…"，输入污染物信息。污染物默认值是 NO_x。在下拉菜单中选择 SO_2；

（2）将排污率设置为 8.5g/s，单击"确认"回到污染源界面。

4. 从文件输入气象数据

（1）移到 ADMS-EIA 界面的气象界面；

（2）选择界面中"从一个文件"选项；

（3）单击"浏览"，选择文件 Nsc.met，其包括三条气象数据，分别代表非常不稳定、中性和稳定条件；

（4）不要选择"气象数据是小时连续值"；

（5）在"WordPad"（写字板）中打开文件 Nsc.met，检查每一条气象数据的风向 PHI 是否为 255°，如果不是，改成 255°，保存文件。图 6-8 为气象文件案例展示。

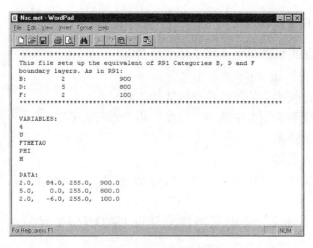

图 6-8　气象文件案例展示

气象输入文件 metdemo.met 包括能够使用的气象参数，解释了如何产生一个气象文件。参数的个数在文件的开始有所说明，参数名称须一一列出（大写），数据必须以逗号隔开。

5. 定义输出的网格

（1）移到 ADMS-EIA 界面的网格分界面；

（2）选取"网格化"输出和"常规"间距；

（3）界面左下角的坐标输入（0,-200），右上角的坐标输入（3200,3000），以定义输出网格范围。

注意：本算例中污染源位于（0,0）。所有坐标单位为 m。输入 Z 值为 0，以计算地面浓度。

6. 定义输出参数

（1）移到 ADMS-EIA 界面的输出分界面；

（2）单击"新建"，在下拉菜单中选择"SO_2"；

（3）计算 15min 短期平均浓度，输出单位为 $\mu g/m^3$，如果有必要，在"包括"列相应的位置打钩；

（4）选择"污染源"输出，如果有必要，在"包括"列相应的新污染源旁打钩。

7. 运行 ADMS-EIA

（1）在"文件"菜单中选择"另存项目为"，并输入一个新的文件名，如\examplel.upl；

（2）在 ADMS-EIA 菜单中选择"运行"，从而开始运行模型。

8. ADMS-EIA 线性绘图

（1）在"结果"菜单中选择"X-Y 绘图"；

（2）选择三个 example 的输出文件；

（3）在"污染物"的下拉菜单中选择"SO_2"；

（4）在"图形类型"中选择"浓度"和"地表水平"；

（5）单击"绘图"；

（6）单击"关闭"；

（7）在"文件"菜单中选择"退出"，从而关闭 ADMS-EIA。

6.2　环境噪声预测软件 CADNA/A 介绍

环境噪声预测软件（CADNA/A）是由德国 Datakusitc 公司开发的一套用于计算、显示、评估及预测噪声影响和空气污染影响的软件，其应用范围广泛，可针对工厂、铁路、公路、机场和城市等噪声环境做出预测[15-17]。

CADNA/A 软件是基于德国 RLS90 通用计算机模型的噪声模拟软件，其计算原理源于 ISO 9613-2-1996 和 HJ 2.4—2009 等技术导则，广泛用于环境评价、建筑设计、交通管理、城市规划等众多领域。经中华人民共和国生态环境部环境工程评估中心认证，CADNA/A 软件理论基础与 GB/T 17247.2—1998《声学 户外声

传播的衰减 第 2 部分：一般计算方法》要求一致，预测结果直观可靠，可以作为我国声环境影响评价的工具软件，也可用于城市或 E 域环境噪声的预测、评价和控制方案[18-19]。

使用软件前，应根据国家认可的标准或规范情况选择相应的标准或规范，即通过选择"Calculation→Configuration→Country"命令，选择所需国家的计算标准。CADNA/A 软件中已经嵌入了众多的预测标准及相关规范，如工业噪声、公路噪声、停车场噪声、铁路噪声、飞机噪声等，软件会自动根据所选标准选择相应的工业噪声、道路噪声、铁路噪声、飞机噪声等标准或规范，并进行相关设置，但选择的前提是需要购买相关的计算模块[20]。

除此之外，CADNA/A 软件使用 C/C++语言开发并较好地兼容了其他 Windows 应用程序，如 Word、Excel、CAD、GIS 等。

6.2.1　CADNA/A 软件模块

CADNA/A 软件基于模块设计，不同用户可根据需要选择适合的模块，其主要模块包括：工业模块、公路（铁路）模块、机场模块、BMP 模块、PRO 模块、BPL 模块、飞机噪声模块、SET 模块、XL 模块、APL 模块、Calc 模块等。

1. 工业模块

工业模块具有以下功能及特色：

（1）声源类型——满足点、线、水平面和垂直面声源；

（2）建筑物声源计算——直接在建筑立面中建模；

（3）优化分析——噪声排放的自动或手动优化（需要 BPL 模块）；

（4）复杂系统——根据机器技术参数计算声功率级（需要 SET 模块）。

图 6-9 为 CADNA/A 软件工业模块运行结果实例。

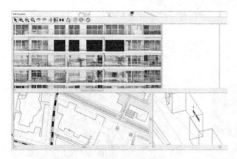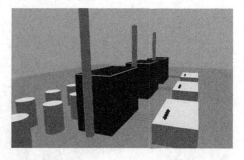

图 6-9　CADNA/A 软件工业模块运行结果实例

2. 公路（铁路）模块

公路（铁路）模块具有以下功能及特色：
（1）声源类型——公路、铁路、红绿灯交叉口、停车场；
（2）隧道计算——隧道进出口计算；
（3）桥梁和高架桥——快速高效地建模；
（4）特殊声屏障——悬浮和悬臂式声屏障；
（5）专用工具——屏障自动优化、驶过声级可听化。
图 6-10 为 CADNA/A 软件公路（铁路）模块运行结果实例。

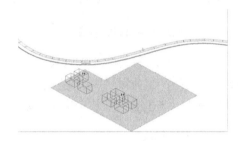

图 6-10　CADNA/A 软件公路（铁路）模块运行结果实例

3. 机场模块

机场模块具有以下功能及特色：
（1）声源类型——满足机场、跑道、航线、APU 运行；
（2）组合计算——综合公路、铁路、工业和飞机噪声计算；
（3）垂直网格计算——分析与飞机类型有关的噪声；
（4）噪声评估——评估噪声对健康的影响。
图 6-11 为 CADNA/A 软件机场模块运行结果实例。

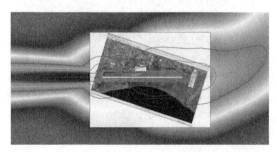

图 6-11　CADNA/A 软件机场模块运行结果实例

4. BMP 模块

BMP 模块具有以下功能及特色：

（1）可导入图片（.bmp/.jpg/.png/.tif）；

（2）可导入地图（WWS/Google Map）；

（3）可导入 3D 模型渲染（.obj）；

（4）可输出 Google Earth（.kmz）。

图 6-12 为 CADNA/A 软件 BMP 模块运行结果实例。

图 6-12　CADNA/A 软件 BMP 模块运行结果实例

5. PRO 模块

PRO 模块具有以下功能及特色：

（1）64 位版本的 CADNA/A；

（2）最多 64 核的多线程处理；

（3）简化高程点和闭合多边形；

（4）具有 Lua 脚本预设；

（5）拥有迁移助手 RLS90→RLS1；

（6）可导入 SketchUp 2019。

图 6-13 为 CADNA/A 软件 PRO 模块运行结果实例。

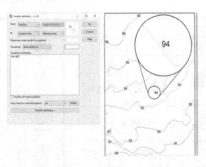

图 6-13　CADNA/A 软件 PRO 模块运行结果实例

6.2.2　CADNA/A 软件操作界面

1. 界面介绍

软件界面由标准的菜单、工具栏和状态栏等组成。主界面内所有的菜单都可由鼠标或键盘输入或编辑,创建的物体均在相应的物体列表内("菜单→Table 表"命令)存在。

图 6-14 中窗口右下角为窗口鼠标位置的坐标,因为默认是在平面图工作,所以坐标分别为 X、Y 坐标。如果通过"Option→3D-view"命令选择前视图"Front view",则看到的坐标是 X、Z 坐标。另外,用户可以在 Options 菜单中设置状态栏的显示或关闭。

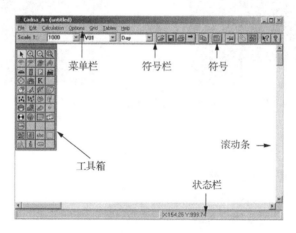

图 6-14　CADNA/A 软件界面

2. 菜单介绍

CADNA/A 软件按键功能介绍如表 6-4 所示。

表 6-4　CADNA/A 软件按键功能介绍

按键	功能	按键	功能	按键	功能
	打开文件		保存文件		打印图形
	根据当前文件菜单中输出的设置导出文件		将窗口中选择的内容拷贝到剪切板		计算当前变量下预测点和房屋立面噪声预测点的噪声值
	校准数字仪		固定窗口中的所有物体		打开鼠标单击处的相关帮助内容
	显示 Bitmap 位图		打开帮助		编辑模式
	放大图形		缩小图形		显示全部

续表

按键	功能	按键	功能	按键	功能
	点声源		线声源		水平面声源
	垂直面声源		道路		信号灯
	停车场		铁路		网球场
	优化面声源		火电厂		三维反射体
	房屋		声屏障		桥梁
	地面吸声体		集中建筑群		草地
	等高线		突变等高线		圆柱体
	堤岸		垂直网格		预测点
	建筑物立面噪声预测		计算区域		指定土地类型
	Bitmap 位图		预测值标注框		文本框
	区域框		辅助线		符号

按键	功能	按键	功能
Scale 1: 1000	通过下拉框可以选择图形的比例，通过鼠标中键滑轮的滚动也可以起到放大或缩小图形比例的作用	km	道路或铁路桩号标注框
Day	选择当前的预测参数	V01	选择当前的计算变量

6.2.3　CADNA/A 软件基础操作

CADNA/A 软件使用流程如图 6-15 所示，依照项目数据整理、导入模型、声源属性、障碍物属性进行模拟计算。

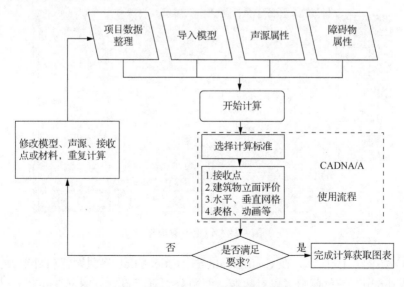

图 6-15　CADNA/A 软件使用流程

CADNA/A 软件基础操作具体包括以下步骤。

（1）如图 6-16 所示，单击"Calculation"，在下拉菜单中选中"Configuration…"，开始计算选项设置。

（2）在 Configuration of Calculation 界面对"Groud Abs.""Reflection""Industry""Road""Railroad""Country""General""Partition""Ref. Time""Eval. Param.""DTM"等子菜单依次进行设置。选中"Country"设置所用标准，如图 6-17 所示。

图 6-16　设置计算选项　　　　　　　　　　图 6-17　设置标准

（3）如图 6-18 所示，在 Configuration of Calculation 界面设置计算模型，在"General"子菜单中进行相关参数设置。

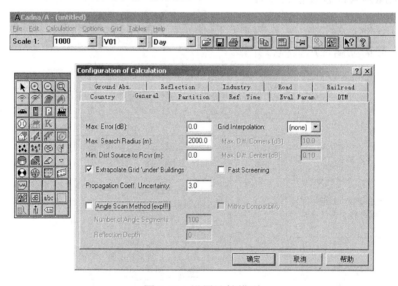

图 6-18　设置计算模型

（4）如图 6-19 所示，在 Configuration of Calculation 界面设置项目参数。具体地，"Partition"子菜单中可以对线源、面源分割进行设置；"Ref. Time"子菜单中可以对参考时间进行设置；"Eval. Param."子菜单中可以对预测参数进行设置；

"DTM"子菜单中可以对数字化地形模型进行设置;"Groud Abs."子菜单中可以对地面吸收系数进行设置;"Reflection"子菜单中可以对反射系数进行设置。

（a）设置线源、面源分割　　　　　　　　　　（b）设置参考时间

（c）设置预测参数　　　　　　　　　　　　（d）设置数字化地形模型

（e）设置地面吸收系数　　　　　　　　　　（f）设置反射系数

图 6-19　Configuration of Calculation 界面设置项目参数

（5）如图 6-20 所示，根据项目类型，选择工业、公路或铁路模式，并进行其他默认参数设置。

（6）如图 6-21 所示，选择"Options"，在下拉菜单中选择"Limits..."进行参数设置，即对评价区域的大小进行设置。

图 6-20　设置其他默认参数　　　　　　　　图 6-21　设置评价区域的大小

（7）如图 6-22 所示，可在 CADNA/A 软件中插入背景图形。如果预测项目有符合条件的场景照片，可在软件界面左侧的图标栏中选择""，单击"File"右侧的文件打开按钮插入照片。

（8）如图 6-23 所示，插入目标场景照片后，可按照背景图大小设定比例，调整对应的 X、Y 值。

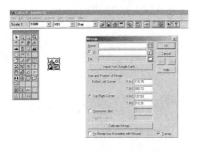

图 6-22　插入背景图形　　　　　　　　图 6-23　按照背景图大小设定比例

（9）如图 6-24 所示，CADNA/A 软件可对点声源、线声源、水平面声源进行设定。参照表 6-4，选择点声源、线声源、水平面声源对应按键，在 Point Source 对话框进行参数设定。

（10）如图 6-25 所示，CADNA/A 软件可对立面源进行设定。参照表 6-4，选择垂直面声源对应按键，在 vert. Area Source 对话框进行参数设定。

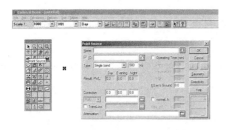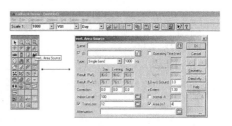

图 6-24　点声源、线声源、水平面声源的设定　　　图 6-25　垂直面声源的设定

（11）如图 6-26 所示，CADNA/A 软件可对道路进行设定。参照表 6-4 选择道路对应按键，在 Road（RLS 90）对话框进行参数设定。

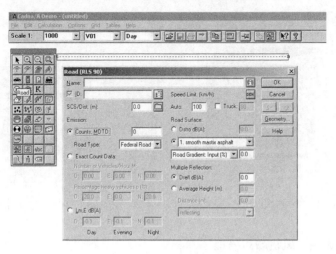

图 6-26　道路的设定

（12）如图 6-27 所示，CADNA/A 软件可对集中建筑群进行设定。参照表 6-4 选择集中建筑群对应按键，执行"Building→Geometry..."命令，在 Polygon:Geometry 对话框进行参数设定。

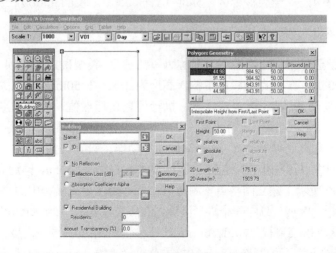

图 6-27　集中建筑群的设定

（13）如图 6-28 所示，CADNA/A 软件可对声屏障进行设定。参照表 6-4 选择声屏障对应按键，执行"Barrier→Geometry..."命令，在 Barrier 对话框进行参数设定。

（14）如图 6-29 所示，CADNA/A 软件可对接收点/关心点进行设定。参照表 6-4 选择预测点对应按键，在 Receiver 对话框进行参数设定。

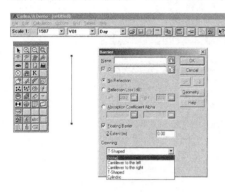

图 6-28　声屏障的设定

图 6-29　接收点/关心点的设定

6.2.4　模拟算例：风机噪声模拟

1. 问题描述

风机的高度为 1m，声功率级（power watt level，PWL）为 100dB（1000Hz），预测其对 50m 外一个关心点的影响，预测高度为 1.2m，关心点执行《城市区域环境噪声标准》中的"一类混合区"标准（昼间 55dB，夜间 45dB）。

2. 模型建立

步骤：新建一个点源，输入其名称为"风机"。类型确定为单频 1000Hz，声功率级为 100dB，在该点坐标系中输入高度为 1m。在 50m 外建立关心点（直接输入坐标/借助辅助线），输入该点对应执行的昼夜标准值，在该点坐标系中输入高度为 1.2m。单击"▦"开始计算。双击关心点，得到点声源对该点贡献值及超标情况。使用右键菜单中的"generate label"功能，设置标注框。

上述案例中点声源噪声等值线分布图要求网格精度为 2m，预测高度为 1.2m。

如图 6-30 所示，建立网格点预测区域：①直接使用工具箱中的"▦"划定一个区域；②使用"▦"划定一个矩形区域，然后通过右键"convert to"命令转化为计算区域；③单击菜单栏"Grid|properties"设置网格精度及预测高度；④单击菜单栏"Grid|calc Grid"开始网格预测；⑤单击菜单栏"Grid|appearance"对噪声等值线图进行设置，使用工具栏中的符号设定功能，设定图例为"symbol:caption:grid"。设置结束后，单击菜单栏"Grid|calc Grid"进行计算，输出结果。

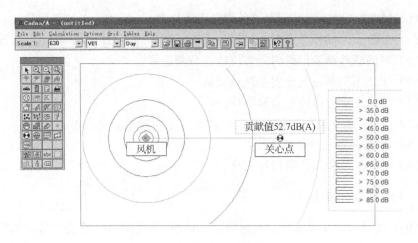

图 6-30　建立网格点预测区域

6.3　安全分析评估软件 SAFETI^{TM} 介绍

挪威船级社（Det Norske Veritas，DNV）的 SAFETI^{TM} 系列软件，是全球第一款定量风险分析软件，在同类软件中应用最为广泛。SAFETI^{TM} 软件被我国应急管理部认可，软件内嵌的定量评价方法更被写入 2003 年版《安全预评价导则》的附录 B 中[21-22]。此外，GB 50074—2014《石油库设计规范》中油罐安全距离的标准设定就是运用 DNV 的后果计算软件 Phast（当时为 Phast Professional 5.2 版）协助制定的。此外，SAFETI^{TM} 软件已经成为行业标准，在全球被广泛认可，已成为荷兰唯一指定的定量风险评价（quantitative risk analysis, QRA）软件，其后果计算软件 Phast 更被美国交通运输部推荐用于模拟事故场景[23]。

SAFETI^{TM} 软件包括 Phast、Leak 和 Safeti 三个独立分析工具，分别进行后果计算、失效频率分析和综合风险计算。其中，Phast 是 Safeti 软件的子模块，可以独立运行进行计算。另外，DNV 还开发了针对受限空间爆炸的 3D Explosion 扩展模块以及多组分计算扩展模块 MultiComponent，使软件在火灾、爆炸和混合物泄漏运算方面更为全面[24-26]。

除此之外，DNV 还开发了符合 ISO 17776 和 NORSOK Z013 等国际规范的三维定量风险评估软件 Safeti Offshore，该软件整合了 DNV 风险评估的所有功能模块，如 Safeti、Phast、Leak、MultiComponent、Safeti 3D Explosion 和 Neptune，以及仅供内部使用的离岸设施安全评估软件，如 SOQRATES、EXPRESS 等，提供了齐全的离岸设施安全评价功能[27]。值得注意的是，Safeti Offshore 软件一般用于离岸设施安全评价，也可用于陆上装置三维风险建模，所呈现的火灾和爆炸图形比二维的 Safeti 更加细致，并且可以模拟风险的动态变化。

Phast 软件是世界上最全面的危害分析软件之一，适用于工艺流程设计和装置运行的各个阶段，如模拟泄漏、扩散、火灾、爆炸等事故场景。其优势如下：

（1）可清晰地得到厂区内危害可能导致的后果；

（2）帮助工厂满足设计安全法规要求；

（3）帮助工厂有效应对危险事件；

（4）融入 DNV 最佳工程实践，帮助工厂企业管理安全隐患；

（5）降低安全生产成本；

（6）确保工厂和工艺的设计安全。

6.3.1　Phast 软件模块

Phast 软件包含 7 大模块，具体为泄漏模块、扩散模块、火灾热辐射模块、爆炸模块、毒性模块、仓库火灾模块和长输管道模块，详细介绍如下。

1. 泄漏模块

泄漏模块用来计算物料泄漏到大气环境中的流速和状态，泄漏计算分两部分：①泄漏孔处的流速和状态；②膨胀至大气压水平的流速和状态。

泄漏计算考虑了多种可能的情况：

（1）液相、气相或者气液两相泄漏；

（2）气液两相分层存储状态下，当泄漏从下方液体处发生时，先液体泄漏，随后气体泄漏的自动计算功能；

（3）纯净物或者混合物的泄漏；

（4）稳定流速的泄漏或速度随时间变化的泄漏；

（5）室内泄漏；

（6）长输管道泄漏；

（7）考虑截断阀开启、放空功能启用等安全措施作用下的泄漏变化；

（8）管道上控制阀、泵、压缩机的存在分别对泄漏结果的影响；

（9）支持众多安全措施启用后泄漏发生变化的用户自定义模型（如水喷淋对泄漏物料的稀释作用等）。

2. 扩散模块

扩散模块是通过对泄漏模块得到的结果以及天气情况进行计算后得到的云团传播扩散情况。在扩散模块中，软件考虑了多种可能的情况：

（1）云团中液滴的形成；

（2）云团中的液滴下落到地表；

（3）云团落地后在地表形成液池；

（4）液池形成后的再次蒸发；

（5）蒸发形成气云与空气的混合、与原有云团混合后的持续扩散传播；

（6）云团的降落；

（7）云团的抬升；

（8）密云的扩散模型；

（9）重气云的扩散模型；

（10）浮云的扩散模型；

（11）被动扩散模型；

（12）先进"云团内部观测点"模型；

（13）大气混合层对扩散的限制作用；

（14）烟囱、房屋背阴处的扩散效应；

（15）3D 动态呈现云团的扩散情况。

3. 火灾热辐射模块

在 Safeti 中可以计算得到以下可能的可燃性后果：

（1）喷射火模型，包括圆锥体模型和 API 模型；

（2）升级版动态火球模型（模拟火球腾空、半径变化、表面放射功率变化的动态过程）；

（3）升级版池火模型，即两相池火灾（发光和多烟）模型；

（4）闪火模型。

火灾热辐射模块计算得到的结果有以下几种表征形式：

（1）热辐射强度；

（2）热辐射剂量水平；

（3）热辐射导致的致死率水平；

（4）闪火影响范围；

（5）3D 空间计算并呈现障碍物对火灾热辐射的阻挡作用。

4. 爆炸模块

Phast 软件中有不同的蒸气云爆炸模型可供选择，具体包括：

（1）TNT 爆炸模型；

（2）阻塞空间爆炸的 Multi Energy 均匀受限（uniform-confined）模型；

（3）阻塞空间爆炸的 Multi Energy 用户自定义（user-defined）模型；

（4）阻塞空间爆炸的 Baker-Strehlow Tang 模型；

（5）沸液膨胀蒸气爆炸 BLEVE 模型；

（6）室内爆炸 NFPA 68 模型。

爆炸结果包括以下四个方面的内容：

（1）超压在下风向的变化趋势；

（2）不同超压等级的影响半径；

（3）超压持续时间（ME 模型）；

（4）冲量（BST 模型）。

5. 毒性模块

Phast 软件中毒性计算模型包括：

（1）毒性剂量计算模型；

（2）毒性概率数模型；

（3）毒性致死率模型（概率数法）；

（4）毒性致死率模型（危险剂量法）；

（5）室内毒性计算模型；

（6）仓库火灾的毒性计算模型。

毒性计算主要给出以下 7 种结果：

（1）毒气云浓度随下风向距离的变化曲线；

（2）下风向某位置处毒气云浓度随时间的变化曲线；

（3）云团中毒性负荷值；

（4）毒性概率值；

（5）毒性致死率；

（6）室内、室外毒气云浓度、剂量、概率数及致死率变化图表；

（7）仓库火灾后毒气云扩散情况。

6. 仓库火灾模块

仓库火灾模块内置多个仓库场景，用户可以输入化学物料种类和数量，并且根据具体情况计算仓库火灾燃烧产物的释放量。

7. 长输管道模块

长输管道模块支持模型及其主要优势如下：

（1）陆上长管模型和埋地长管弹坑模型；

（2）根据阀门数量、位置、管道长度等自动划分合适的段与子段；

（3）气体管道模型；

（4）液体管道模型；

（5）自动选择、确定合适的多点泄漏位置；

（6）自动计算管线压力的变化趋势；

（7）根据上下游安全阀启动情况，全面分析各种可能的泄漏场景；

（8）自带长输管道泄漏频率数据库；

（9）用户可自行定义长管不同的段，从而模拟管线上不同管径、埋深、壁厚的综合参数。

长输管道模块计算结果包括以下内容：

（1）长管分段数与子段数；

（2）长管各泄漏位置信息；

（3）压力沿管线的变化；

（4）发生在不同泄漏位置的泄漏时间变化；

（5）发生在不同泄漏位置的泄漏流量变化；

（6）所有可能的泄漏场景（考虑上下游阀门启动、关闭对结果的影响）；

（7）具有代表性的不同结果泄漏场景（剔除重复结果的泄漏场景）。

6.3.2　Phast 软件操作界面

1. Phast 软件操作界面介绍

Phast 软件操作界面包括主操作菜单、分析树窗口、激活/工作窗口、日志/软件运行记录窗口，具体如图 6-31 所示。

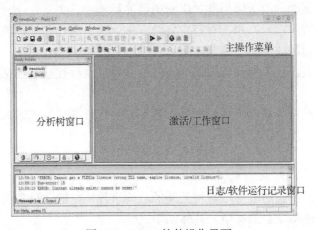

图 6-31　Phast 软件操作界面

2. Phast 软件主操作菜单介绍

主操作菜单介绍如下：①File——文件；②Edit——编辑；③View——查看；④Insert——插入；⑤Run——运行模型和程序；⑥Options——选项；⑦Window——窗口；⑧Help——帮助菜单。

3. Phast 软件操作界面按键介绍

Phast 软件按键功能介绍如表 6-5 所示。

表 6-5　Phast 软件按键功能介绍

按键	功能	按键	功能	按键	功能
	建立新文件		打开文件		全屏显示工作窗口
▶ ▶	程序运行图标		地图		图形显示结果
	读取运行结果		文件夹		容器设施
	物质		池火		火球
	仓库		喷射火		池液气化
	爆炸模型		模型		气象参数
	全局参数		物料		地图

6.3.3　Phast 软件基础操作

1. 设备项目

在设备级定义过程材料和操作条件。可以在设备级插入四种类型的项目：

（1）压力容器，用于模拟加压安全壳的释放；

（2）大气储罐，用于模拟非加压密闭区的释放；

（3）其他特定项目，用于对特定危险（如火灾、爆炸和池蒸发）进行详细建模，与特定泄漏释放的建模分开；

（4）长管道，用于对长管道的时间依赖性释放进行建模，包括阀门关闭对管道的影响。

除定义过程材料和操作条件之外，还可以使用设备项目的输入数据来设置用于设备项目下方方案的默认值。

2. 场景

场景是与其所属的设备项目相关联的危险事件。在给定设备项目下定义的场景类型取决于设备项目的类型，具体如下：

1）压力容器

压力容器可用的方案显示在右击菜单中，具体是在显示项目插入菜单的插图中。这些场景模拟材料通过分散其所有阶段的释放，达到无害的浓度。模型包括放电计算以获得释放速率和状态，适用于火灾、爆炸和毒性计算，以及分散云的代表性作用区。

2）大气储罐

压力容器可用的方案也适用于大气储罐。另外还有两种情况，一种来自蒸汽空间场景的溢出场景和释放。溢出场景模拟液体溢出，其中假定整个释放的物质溢出到地面上。另外一种来自蒸汽空间场景的排气模型，是从非加压或冷藏容器的蒸汽空间释放材料。

3）其他特定项目

其他特定项目可用的方案包括四种类型的爆炸、三种类型的火灾和池蒸发，在相关屏幕截图中可查看这些情况。

4）长管道项目

长管道项目的可用唯一场景是违反情形，但是由于项目的性质，树部分包括设备项目和场景之间的节点。因此，用于模拟场景的危险事件在此部分进行场景定义，而不是直接在设备项目节点下定义。破坏场景只是沿着管道的一个位置，要对其发布进行建模。

3. 天气

研究树窗格的天气选项卡部分包含一个名为"Weather"的文件夹，其中包含三个天气条件定义。每个天气图标代表一组特定的天气条件，用于发布建模及其影响，即风速、大气稳定性和大气温度等特定组合。在给定场景的计算中，程序对每个单独的天气条件进行单独的结果计算，给出了一组特定于此天气的结果。

对于示例文件，每个天气的名称给出了为其定义的风速和大气稳定性类别。

每个新工作区都创建"Weather"文件夹中预定义的默认天气，可以对其进行编辑、删除或将天气添加到文件夹中。如果要为不同的设备项目运行不同的天气集，则可以在研究树的天气选项卡中插入其他"Weather"文件夹，并在这些文件夹中定义天气集。

如果在模型选项卡部分中的不同研究下组织了不同的设备项目集，则可以使用研究对话框中的输入设置来选择适用于每个研究计算的天气集。

4. 参数选项卡部分

在 Phast 软件中，参数应用于所有计算的背景输入，不是特定于特定设备项目或方案的。程序中的参数用于为设备项目和方案输入提供默认值，这些参数通常在设备组或场景组之间共享。其他参数可处理高级建模假设，不会显示在设备项目或方案输入数据中。

完整的参数集是广泛的，已被组织成几个组。示例文件中组的图标左上方有一个绿色箭头，程序使用此箭头显示图标下的所有参数都使用程序提供的默认值，如果更改任何参数的值，则图标周围的绿色边框将消失，通过观察图标状态即可迅速分析出哪些参数使用默认值，哪些参数使用更改后的数值。

使用参数设置文件夹可创建新的工作区，并在文件夹中定义一组完整的参数集。与天气数据一样，可以编辑此集合中的值，也可以定义多个集合，并选择不同的集合以用于不同的研究。

5. 材料

Phast 软件提供了一套系统材料，包含 60 多种材料的完整属性数据。但是，材料选项卡部分不会显示所有材料的图标，只显示在工作区中各种设备项目输入数据中选择的材料，或者在材料工作时自己添加材料标签部分。Phast 软件可以定义三种类型的材料，具体如下：

1）纯组件

示例文件的材料选项卡中，大多数图标是纯组件。与参数集一样，如果组件的所有输入字段都具有系统材料为材料设置的默认值，则图标的左上角会有一个绿色箭头。建模时也可以根据实际需要更改数值，如为有毒物质输入不同的概率值。一旦默认值经过更改，绿色箭头将消失。

2）混合物

Phast 软件可以定义任意数量的混合物，在任意混合物中最多可选择 18 个纯组件。但是，建议将组件数量限制为最多 6 个。

3）仓库材料

仓库材料可根据实际情况进行编辑。

6. 地图标签

Phast 软件可以使用地图选项卡来描述周围环境，如建筑物、设备周围的局部地形和障碍物，以及定义要用作显示结果的背景图像和其他图形数据。

1）围堰类型

在池扩展和池蒸发的建模中，程序使用了围堰类型数据。可以使用围堰类型文件夹定义分析中使用的每种类型的围堰或蒸发表面，然后在设备项目或方案的输入数据中选择适当的围堰类型。

2）地形类型

地形类型数据用于池蒸发和池分散的建模。使用地形类型文件夹定义要建模的表面粗糙度和地形类型，然后在设备项目或方案的输入数据中选择适当的地形类型。

3）建筑类型

建筑类型数据用于建筑物内部释放的浓度积聚，以及路径中建筑物内的毒性效应建模，也可用于建筑尾迹建模，如烟囱、屋顶等。

对于这些计算，不要直接在存储方案中定义建筑物的位置、尺寸或通风。相反，在研究树的地图选项卡部分的建筑类型文件夹下设置建筑类型和建筑物。可以使用建筑类型定义要建模的每种类型的建筑物，以便进行浓度建模和室内毒性效应建模。

每个新工作区都使用默认的 Bund 类型、地形类型和定义的建筑类型，可以编辑这些类型或定义任何数量的其他类型。

7. 光栅图像集

示例文件具有定义的两个光栅图像、映射图像和称为 Southpoint 的区域航空照片，都可以在研究树窗格右侧文档视图区域的 GIS 输入视图中查看。

设备项目由点表示，可以看到化学工厂区域分布有许多点。建筑物由 GIS 和 GIS 图例上的深绿色/棕色向后对角线图案表示。危险事件的位置数据在设备项目上定义，而不是在研究树或场景上定义。

GIS 输入视图的图例显示顺序选项卡，可在视图中显示不同图层信息的顺序。建筑和设备层位于顶部，说明代表设备项目的点和交叉线将始终可见。在图示中，Southpoint_OS 图像层位于 Southpoint_Aerial 图像层之下。通过将 Southpoint_Aerial 拖到底部来交换这两个地图，以便地图图像隐藏航拍图像。在图例中沿着堆栈上下拖动项目，能在可能隐藏图层的项目上方显示它们。右键单击图例中的项目，然后选择"显示开"或"显示关"以分别显示和隐藏项目。

功能区栏和 GIS 输入工具选项卡包含使用 GIS 输入视图的各种选项。例如，可以使用这些选项在 GIS 视图中显示设备项目的名称，具体如下：

（1）在研究树窗格的模型选项卡中选择设备项目的节点；

（2）在功能区栏的工具选项卡中，单击 GIS 部分中的精确度选项，设备项目的点将在 GIS 输入视图中突出显示，并且视图将变为以该点为中心；

（3）在功能区栏中，GIS 输入工具组的输入选项卡中选中标签选项。

8. 运行计算和查看结果

在模型选项卡部分中，选择"TANK 场"文件夹，然后单击功能栏主页选项卡上的"运行"（或按"Ctrl+ M"）。

依次处理 18 个场景中的每一个场景计算，对三个天气中的每一个给定场景进行计算，并显示计算过程进度。当对三个天气预报完成了给定场景的计算时，此场景图标的右上角会显示一个绿色刻度，表示场景已成功运行并具有完整的结果集。如果出现红色感叹号，表示存在错误，错误可在日志窗口中查看。根据机器的运行速度，计算需要几分钟完成。

不必为所有场景和天气运行计算,如果选择单个方案或设备项目,则可以只为此方案或此设备项目下的方案运行计算。也可以右键单击模型选项卡上的"天气"或"节点",然后选择"从计算中排除","天气"或"场景集"将在树中显示为灰色,运行计算时不会包含;要排除灰色节点,右键单击模型选项卡上的"天气"或"节点"并选择"包含在计算中"。

9. 查看 LPG 场图的情况

在程序中,给定的图形视图可以显示单个方案的多个天气结果,或单个天气的多个方案结果。比较不同 LPG 球体 101 场景的图形结果,必须先移动到研究树的天气选项卡,然后选择要查看的天气结果。在此算例中,选择"1.5/F"天气类别。这是最稳定的天气,并且可给出最长的色散距离。

选择"Weather"节点后,单击功能区栏主页选项卡上的"图形"(或按"Ctrl+G")。此时将出现一个对话框,提示选择要查看结果的场景组合。尚未运行计算的文件夹包含在对话框中,但带有禁用复选框。

选中 LPG 球体 101 压力容器的框,系统将选择此设备项目的所有方案。单击"确定"后会有一个几秒钟的暂停,然后图形视图将在文档视图区域打开。

给定的方案或一组场景可能有许多图形可用,可将其分成多个组,每个组覆盖不同类别的结果。每个组在图表视图的底部都有自己的标签页,并有一个标识结果类型的图标,如用于扩散效果、火球效果、有毒效果等。在给定组的标签中,有该组各个图表的标签页。

包括场景特定组合的图形取决于场景类型(如泄漏场景或独立火球场景)、材料类型(有毒或易燃)以及色散和效果行为的细节(如是否发生液体漏出)。LPG球体 101 压力容器的图形视图包括池蒸发的结果,适用于所有类型的火灾和爆炸,但没有任何毒性效应图,因为其材料无毒。

Graphs View 首次打开时显示的图形是 Dispersion 组中的 Centreline Concentration图形,此图形显示了云足迹覆盖最大面积时的结果。每个方案发生的时间不同,具体可参照图例中的时间条目。特别注意的是,针对 150mm 液体泄漏情况显示了三个独立的数据系列,这是因为此场景由多个发布段组成。Phast 软件将某些释放分成段,以便反映在分散过程中释放性质的显著变化(如初始蒸气释放速率、排出和池蒸发)。

分散组中的图片包含四种方案的所有结果,但如果移至其他组,将看到大多数图片仅包含选定方案的结果。例如,Jet Fire 图只包含三个泄漏的结果,Fireball图仅包含 Rupture 的结果,Pool Fire 图和 Pool Vaporification 图仅包含 150mm 泄漏的结果,因为这是唯一的液体泄漏场景。

10. 在地图图像的背景下查看 GIS 的结果

图形视图不显示 GIS 上的任何结果。要查看此表单中的结果，必须打开一个
GIS 结果视图。

打开 LPG 球体 GIS 结果视图的过程与打开图形视图的过程几乎相同，具体如下：

（1）选择天气选项卡中的"1.5/F"类别；

（2）单击功能区栏主页选项卡上的"GIS"；

（3）在选择方案对话框中，选中 LPG 球体 101 压力容器的框；

（4）单击"确定"关闭对话框。

GIS 结果视图打开后，将图例中 Southpoint_Aerial 上方的 Southpoint_OS 拖到
GIS 结果视图的左侧，以使结果更清晰。此视图将显示 Cloud Footprint 浓度结果，
这些结果对所有情景都存在。

11. 查看灾难性破裂情况报告

模拟方案还可以报告的形式呈现。查看 LPG 球体 101 灾难性破裂情况报告，
可选择场景，然后单击功能区栏的主页选项卡上的"报告"（或单击"Ctrl+R"）。

具体操作如下：

（1）如图 6-32 所示，初次建模时，单击"Insert"，在下拉菜单中单击"Vessel
or Pipe Source"选择分析模型。

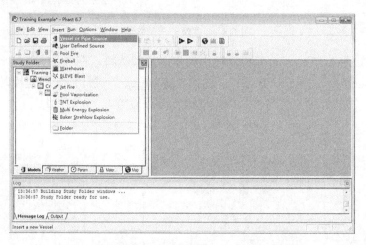

图 6-32　建模——选择分析模型（容器/设施）

（2）如图 6-33 所示，建模时可对物理量单位进行选择，单击"Options"，在
下拉菜单中选择"Units"，然后选择"Edit Current System..."，在 Editing unit system
USER 对话框中设置物理量单位。

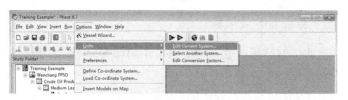

图 6-33　建模——物理量单位选择

（3）如图 6-34 所示，建模时可在 Vessel/Pipe:Vessel/Pipe Source 对话框中设置相关参数，包括材料的选择、用量、加工条件等信息的选择及输入。

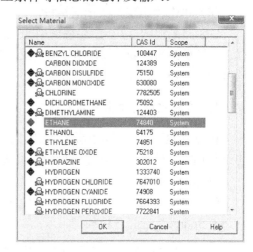

图 6-34　建模——参数输入

（4）如图 6-35 所示，建模过程中如需添加新物料，在 Study Folder 对话框中选择"Materials"，单击"Insert"，选择"Mixture..."进行添加。建模时如需添加混合物料（如原油），可对物料的组成进行分项设置。

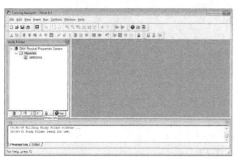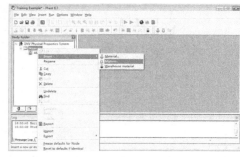

图 6-35　建模——添加新物料

（5）建模时可对后果场景进行选择，如管道 25mm 孔径泄漏 10min，可对泄漏物料、场景、管径、长度、泄漏位置等具体信息进行详细设置；在"Vessel"分项下对泄漏的速度和时间等参数进行相关设置；在"Geometry"分项下对泄漏容器/管道的尺寸、容积和位置进行设置；在"Bund Data"分项下对容器边界条件进行设置；在"Flammable"分项下对容器/管道燃烧类型进行设置；在"Toxic parameters"分项下对室内毒性进行计算；在"TNT"分项下对爆炸类型进行选择；在"Discharge Parameters"分项下对泄漏参数进行设定；在"Jet Fire"分项下对喷射火的相关信息进行设定，包括与报告辐射量相关的数量、单位和影响等。图 6-36 为建模——泄漏参数设置举例说明。

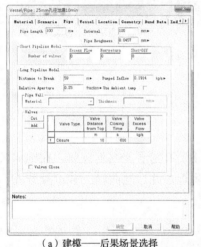

（a）建模——后果场景选择

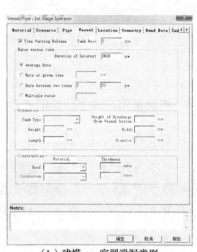

（b）建模——容器泄漏类型

（c）建模——泄漏参数设定

图 6-36　建模——泄漏参数设置举例说明

（6）待参数全部设定完毕后，单击菜单栏中的"Run"，选择"Discharge(s)"运行模型。计算结果可以数据曲线、图示等方式展示，方便用户进行查看，如图 6-37 所示。最终的计算结果可以完整报告形式输出。

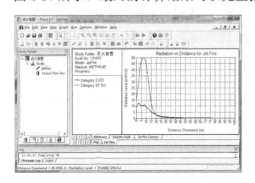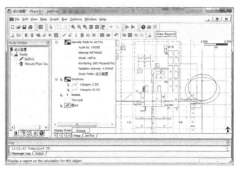

图 6-37　计算结果展示

6.3.4　模拟算例：球体后果模拟

1. 问题描述

一个容器为半径 3.37m、体积 120m^3、最大填充量 85%的球体，在饱和条件和环境温度下含有氯气。球体位于场地中心附近，并在地面以上 4m 处升高。球体周围没有任何封套，对其进行后果分析。

2. 模型建立

在功能区栏的设置选项卡中选中"在 GIS 插入设备"选项。默认情况下，此选项被关闭，当插入"设备"项目时，此图标将立即显示在"研究树"中。

3. 插入压力容器设备项目

选择研究树，然后从右键菜单中选择"插入→压力容器"。选中 GIS 输入视图，光标变为十字准线，单击光标后，图标将被添加到研究树中，GIS 输入视图中将显示一个点，即压力容器的位置。在研究树中，将节点重命名为氯，饱和温度为 10℃。

4. 设置压力容器的输入数据

压力容器节点在左上方有一个红色错误图标，表示它没有一整套输入数据。因此，无法对压力容器下的任何方案进行后果计算，除非输入所有必填字段。

双击压力容器的图标打开输入对话框。第一个选项卡中的大多数字段为空白，已启用的字段将具有红色边框和错误图标。其中，具有红色边框的字段是必填字段。

5. 设置材料

设置材料须从系统材料定义的所有材料的下拉列表中选择"CHLORINE"。氯气在饱和条件下保持在大气温度，温度会因季节和时间而异，但对于本设备项目，将使用 10℃时的值作为代表值。设置这些工艺条件，需将指定条件设置为温度/起泡点，并将温度设置为 10℃，如图 6-38 所示。当光标移离温度场时，程序将自动计算温度的饱和压力，并将其显示在压力场中。

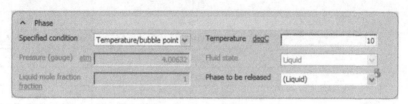

图 6-38　设置材料

定义不在饱和条件下（如气体或填充液体）材料的工艺条件，必须将指定条件设置为压力/温度，并给出两者的值。设置存储条件后，要释放的相位须设置为 Liquid。

6. 色散选项卡部分

程序停止色散计算的标准为达到最大距离或最小浓度。将在压力容器对话框中的设置值，作为所有场景的默认值。

对于本算例，将浓度设置为 100mg/L。当设置此浓度时，达到浓度的平均时间将变为启用和强制状态，因为必须在停止色散的计算中指定使用的平均时间。对于有毒物质的释放，列表允许选择有毒平均时间或与 ERPG、IDLH 或 STEL 毒性度量相关联的时间，或指定用户定义的时间。本算例选择有毒平均时间，时间在有毒参数选项卡中设置，默认值为 600s。色散选项卡部分允许选择需要浓度值的其他平均时间。如果在选项卡的最后部分进行其他选择，结果将显示在平均时间报告中。

7. 有毒参数选项卡部分

有毒参数选项卡部分的字段用于建模时设置分散云路径中室内人员的毒性效应。默认情况下，这些计算不执行，但是在本算例中，应通过选中指定下风向建筑物来运行毒性效应计算。计算需要有关代表性建筑物通风率的信息、云过后人们在建筑物中停留的时间，以及户外浓度低于室内的信息。上述信息使用地图选项卡部分中的建筑物类型节点进行定义，其通风值和疏散值设置为默认值。

8. 几何选项卡部分

将东坐标设置为 198492m，北坐标设置为 435063m，其他输入信息如表 6-6 所示。

表 6-6　压力容器输入信息

标签部分	输入项	输入内容
材料	材料	氯
	指定批量库存	待确认
	批量库存	$102m^3$
	指定条件	温度/泡点
	温度	10℃
分散	关注浓度	100mg/L
	平均浓度集中时间	有毒物
有毒物参数	指定建筑物	待确认
几何参数	东坐标	198492m
	北坐标	435063m

9. 定义突发场景

目前，已经定义了压力容器，因此可以定义任何数量的不同方案。首先定义灾难性破裂场景，因为它具有最简单的输入数据集。

10. 插入场景

选择压力容器节点，然后从右键菜单中选择"Insert→Catastrophic"命令。Scenario 节点将立即添加到"Study Folder"中，即不必在 GIS 输入视图中放置场景，因为场景从他们所属的设备项目中获取几何数据（即位置），可以使节点具有"Catastrophic"的默认名称。

11. 设置输入数据

由于灾难性破裂场景没有任何强制输入字段，当插入节点时，所有的字段都采用压力容器的默认值。

12. 方案选项卡部分

释放高度的默认值为 1m，但是对于破裂压力容器，应该将其设置为 7.37m，这是球体在地面上方的高度，可以在压力容器的输入数据中设置。

13. 色散和有毒参数选项卡

如果查看色散和有毒参数选项卡部分，将看到在压力容器对话框中设置的值存在，并显示为默认值。扩散浓度和室内毒性建模的设置对于本设备项目的所有场景都是相同的，因为它们适用于大多数设备项目，所以在设备项目级别设置的值是合适的。最后，单击"Yes"关闭对话框。

14. 运行场景的计算并查看结果

选择场景，然后从功能区栏的主页选项卡中选择运行，结果如图 6-39 所示。

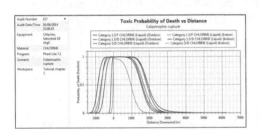
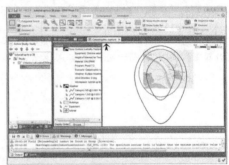

图 6-39　运行结果展示

参 考 文 献

[1] 刘迪. ADMS 大气扩散模型研究综述[J]. 环境与发展, 2014, 26（6）: 17-18.

[2] 徐鹤, 丁洁, 冯晓飞. 基于 ADMS-Urban 的城市区域大气环境容量测算与规划[J]. 南开大学学报（自然科学版）, 2010, 43(4): 67-72.

[3] 茹宝琳. ADMS 模型在大气环境影响评价中的应用[J]. 山东化工, 2018, 47(20): 199-200.

[4] 刘振山, 刘闽. 沈阳市 ADMS-Urban 大气扩散模型的验证及应用[J]. 环境保护科学, 2004, 30(121): 4-5, 18.

[5] 方力. 利用 ADMS-城市模型模拟分析鞍山市大气环境质量[J]. 环境保护科学, 2004, 30(126): 8-10, 13.

[6] 刘挺, 胡建龙, 张斯, 等. ADMS 模型模拟矿山道路运输中颗粒物无组织排放研究[J]. 环境工程, 2014, 32(4): 140-143.

[7] WU C Z, GE F, SHANG G C, et al. Research on visual perception of intelligent robots based on ADMS[J]. Journal of Physics: Conference Series, 2021, 1748(2): 121-134.

[8] ANDREW R, DAVID C, ALAN S, et al. Comparisons between FLUENT and ADMS for atmospheric dispersion modelling[J]. Atmospheric Environment, 2004, 38(7): 1029-1038.

[9] 史梦雪, 伯鑫, 田飞, 等. 基于不同空气质量模型的二噁英沉降效果研究[J]. 中国环境科学, 2020, 40(1): 24-30.

[10] 刘登国, 刘娟, 伏晴艳, 等. 基于交通模型的道路机动车排放模拟研究[J]. 交通与港航, 2020, 7(6): 75-80.

[11] 王栋成, 王勃, 王磊, 等. 复杂地形大气扩散模式在环境影响评价中的应用[J]. 环境工程, 2010, 28(6): 89-93.

[12] 聂邦胜. 国内外常用的空气质量模式介绍[J]. 海洋技术, 2008, 27(1): 118-121, 132.

[13] 屠其璞, 王俊德, 丁裕国, 等. 气象应用概率统计学[M]. 北京: 气象出版社, 1984.

[14] 牟真. ADMS-EIA 模型在污水处理厂恶臭影响预测中的应用[J]. 环境化学, 2014, 33(6): 1042-1043.

[15] 刘珊珊, 陈郁, 郑洪波, 等. 基于 Cadna/A 软件的城市道路噪声模拟[J]. 安全与环境学报, 2019, 19(6): 2095-2101.

[16] 李何, 李志东, 李明. Cadna/A 在立交桥噪声预测评价中的应用[J]. 环境科学与管理, 2012, 37(1): 168-172, 191.

[17] 刘培杰, 孙海涛, 王红卫. 噪声模拟软件 CADNA/A 在交通噪声预测评价中的应用[J]. 噪声控制, 2008, 32(7): 64-67.

[18] 韩文辉, 李进峰. CADNA/A 噪声预测软件在城市道路中的应用分析[J]. 科技情报开发与经济, 2010, 20(18): 163-165.

[19] 夏平, 徐碧华, 宣燕. 用 Cadna/A 软件预测桥梁交通噪声及应用分析[J]. 应用声学, 2007, 26(4): 208-212.

[20] 李晓东. CadnaA4.5 由入门到精通[M]. 上海: 同济大学出版社, 2016.

[21] 陈国华, 梁旭, 周利兴, 等. 基于路网风险的化工园区疏散路径模型[J]. 华南理工大学学报（自然科学版）, 2020, 48(8): 65-71.

[22] 陈国华, 梁韬, 张晖, 等. 用 SAFETI 定量评价液氯泄漏事故的风险[J]. 华南理工大学学报（自然科学版）, 2006, 34(5): 103-108.

[23] 余齐杰. DNV 软件在事故分析中的应用[J]. 石油化工安全技术, 2001, 17(3): 37-39.

[24] 马辉, 修杰, 朱建芳. 基于 Phast 软件的 LNG 储罐泄露扩散规律及对策探析[J]. 华北科技学院学报, 2019, 16(4): 42-47, 64.

[25] 张景钢, 项小娟, 索诚宇, 等. 基于 Phast 的化工园区液氨泄漏后果模拟分析研究[J]. 华北科技学院学报, 2020, 17(2): 50-56.

[26] 张光生, 杨日丽, 刘伟杰. 基于 Phast 的危险化学品压力储罐泄漏模拟分析[J]. 化工管理, 2020(16): 139-143.

[27] 瞿文华. DNV 安全评价软件进行定量风险评估的运用[J]. 石油化工安全技术, 2002, 18(3): 6-7, 11.

第7章　化工项目经济性分析管理软件

7.1　Aspen Economic Evaluation 模块

工程项目的经济评价，即预见并估算拟建项目的经济利益。建设投资与生产成本是进行经济评价工作的基础，必须为拟建项目选择经济合理的工艺路线，对整个项目做出经济评价，并作为决策的依据。近年来，国外非常重视经济评价工作。

用于经济评价的方法和手段不断推陈出新，日臻完善。对拟建项目进行经济评价，不仅避免了不切实际的非可行性项目的建设，而且促进和提高了建设项目的经济合理性，从而使各大公司获得极为可观的经济效益。

美国 Aspen 公司开发的 Aspen Plus 模拟软件中的经济评价系统就是为适应这种工业需要而推出的新一代产品，可作为工艺工程师快速、有效估算工厂投资和经济评价的一种应用工具。它可初步估算设备尺寸（但不能作为详细计算而进行设备选型的依据）、价格、投资、经营成本、流动资金、开工费和经济效益等[1-3]。

（1）设备尺寸与价格。一套化工生产装置，由化工单元设备（如压缩机、风机、泵、容器、反应器、塔、换热器、工业炉等）组成。通常情况下，流程中包括的上述主要设备的费用占整个装置投资的一半以上，因此化工项目经济分析的关键是估算流程中包括的设备费用，而电气、仪表、管道阀门、土建等设备材料费和安装费，可根据总结类似装置的统计数据得出的装置安装费用系数来进行估算[4-5]。

各种机器设备费用的估算，是根据收集的各类机器设备的价格数据，或者根据已建工程设备价格，加上逐年价格增减率，然后选择影响设备费用的主要关联因子，应用回归分析方法求出设备费用与主要关联因子间的估算关联式。为了减少回归分析方法的复杂性，通常把影响设备费用的其他因素（如压力、形式、材质等）作为校正系数。回归分析方法是处理多个变量之间相关关系的一种数学方法。利用这种方法可以建立变量间的数学表达式，并判断此表达式的有效性。通常，把这一类表达式称为经验公式，利用其可以达到预测、控制等实用目的[6]。

（2）固定投资估算。Aspen Plus 是用因子法（也称系数法）估算整个工艺生产装置的总投资。就化工过程而言，假设设备出厂价格 E 为 100%，其安装材料、管道、混凝土、钢结构、仪表、电气、保温、涂料的费用占设备出厂价格 E 的某一百分比。各项安装材料费用所占百分比之和称为材料费系数，用设备出厂价格

E 乘以材料费系数，就可得到直接材料费 M。直接材料费实质上包括了设备出厂价格 E 与安装材料费 m，即 M=E+m。安装劳动力费用与设备出厂价格之比称为劳务系数，用设备出厂价格乘以劳务系数，就可得到直接劳动力费用 L。L+M 乘以 1 加上装置间接费系数的和，就可得到装置的基本投资，然后用装置的基本投资乘以 1 加上保险及税金系数的和，就可得到总的建设投资[7-8]。

（3）经营费用估算。国外一般把车间成本加上行政管理费及销售费、分销费的总和称为经营成本。车间成本包括原料及辅助材料费、人工费、公用工程费、维修材料费和管理费五项，但不包括折旧费。

（4）经济评价。任何一个建设项目，在投资决策之前，除了考虑它的各种作用以外，还必须研究它在经济上的合理性。工程项目经济评价，是对工程项目建设方案进行综合分析的一个重要步骤。在方案其他因素相似的情况下，经济评价是取舍方案的决定因素。一个工程项目，即使它在各个方面都十分理想，但如果在经济上无利可图，甚至不能回收投资和生产成本，也是难于成立的。经济评价不一定是工程项目评价的唯一依据，但毫无疑问是一项极为重要的依据。如果发现其经济评价指标不合要求，要立即停止，以免造成浪费。当然有些工程项目的建设目的并不为盈利，但即使是这样的项目，也要进行经济评价，通过经济核算，明确是否达到了预定目标。在工程项目经济评价中，除了做静态分析（不考虑时间因素）外，更重要的是做动态分析（考虑时间因素）[9]。

工程项目建成投产以后，主要的现金流入是销售收入，主要的现金流出是经营成本、利息支付和所得税。如果还需要增加建设投资或流动资金，则当年的建设投资和当年的流动资金增加额也是现金流出。生产时期各年收支情况如下：销售收入-经营成本=毛利-贷款利息-折旧费=扣税前所得-所得税=净利+折旧费=现金收入-当年建设投资增加额-当年流动资金增加额=流通的年净现金[10]。

Aspen Plus 是以利润利率（又称利息回收率），也称为贴现现金流通的收率来评价建设项目的经济效益，其定义是可使工程项目净现值等于零的贴现率。

Aspen Plus 还包括其他评价经济效益的方法：投资回收率、经营价值、效益指数、收支平衡点等[11]。

7.2　经济性分析管理工具

Aspen Economic Evaluation 能使公司对投资项目进行快速准确的早期评估，工程决策的经济效益分析并有效地管理项目。模块内置工程和成本内容能进行综合性的准确评估，模块包括 Aspen Capital Cost Estimator（旧版本为 Aspen Kbase）、Aspen In-Plant Cost Estimator（旧版本为 Aspen Icarus Project Manager）、Aspen Process Economic Analyzer（旧版本为 Aspen Icarus Process Evaluator）。

（1）资金成本核算。Aspen Capital Cost Estimator 可在整个评估期间使用，给出概念和详细评价，还可与 Aspen Process Economic Analyzer 一起使用，使企业能将详细的评估结果用于工程过程和经营决策。图 7-1 为 Aspen Capital Cost Estimator 模块的启动界面和项目评审结果报告界面。

（a）Aspen Capital Cost Estimator 模块的启动界面　　　　　　（b）项目评审结果报告界面

图 7-1　Aspen Capital Cost Estimator 模块的启动界面和项目评审结果报告界面

（2）厂内成本核算。Aspen In-Plant Cost Estimator 是厂内资本维修项目的管理工具，可使企业同时对质量、时间和成本进行优化。图 7-2 为 Aspen In-Plant Cost Estimator 工作窗口。

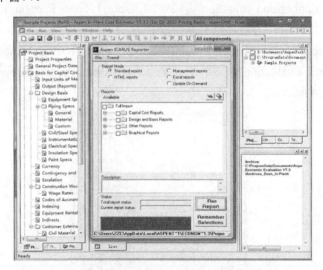

图 7-2　Aspen In-Plant Cost Estimator 工作窗口

（3）过程经济效益分析。Aspen Process Economic Analyzer 是一个强有力的分析工具，可以分析过程设计对经济效益的影响，包括生成总投资现金流曲线和定量确定企业的份额。Aspen Process Economic Analyzer 在概念设计的早期阶段特别有效，它可以对单元操作从模拟器扩展到设备模型，并初步确定这些设备的尺寸。图 7-3 为打开 Aspen Process Economic Analyzer 模块后的界面。

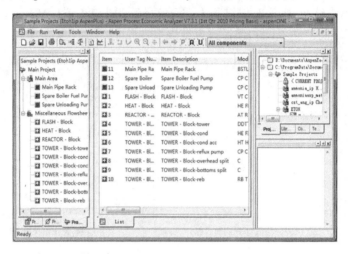

图 7-3　Aspen Process Economic Analyzer 界面

7.3　Aspen Economic Evaluation 基础操作介绍

以 Aspen Economic Evaluation 模块中的 Aspen Process Economic Analyzer（过程经济效益分析）组件为例，进行基础操作说明。

启动 Aspen Process Economic Analyzer，从开始菜单中的"AspenTech"目录下的"Economic Evaluation V7.3"子目录中启动 Aspen Process Economic Analyzer 组件，如图 7-4 所示。

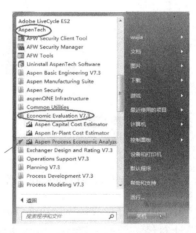

图 7-4　Aspen Process Economic Analyzer 组件启动操作

（1）设置自动备份周期，如图 7-5 所示，在 Preference 菜单下单击"Backup/Recovery"子菜单，勾选"Automatic Task Backu"，并在"Timed Backup"中设置时间。

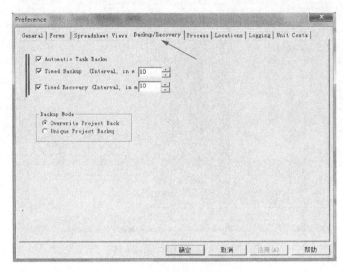

图 7-5　设置自动备份周期

（2）添加项目路径，如图 7-6 所示，在 Preference 菜单下单击"Locations"子菜单，并在"Default Project Directory"中添加项目路径，添加完成后，单击"Add..."。

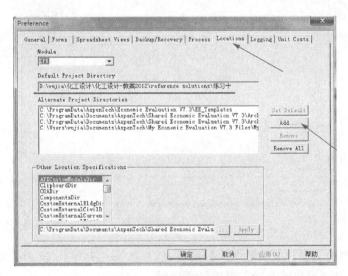

图 7-6　添加项目路径

（3）创建用户定义模板，如图 7-7 所示，单击"File"文件菜单选项，再单击"New Template"创建新的模板。

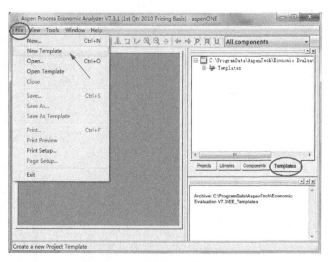

图 7-7　创建用户定义模板

（4）输入模板名称，如图 7-8 所示，在打开的 Create New Template 选项框底部的"Scenario Name"中输入新模板名称。

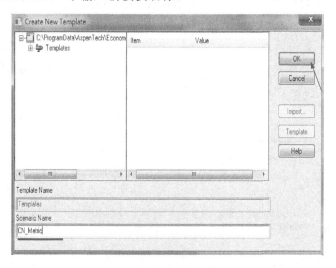

图 7-8　输入模板名称

（5）选择公制单位制及输入模板简要说明，如图 7-9 所示，在 Project Properties 界面中选择公制单位制及输入模板简要说明。

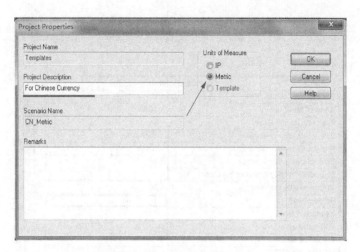

图 7-9　选择公制单位制及输入模板简要说明

（6）确认计量单位并修改，如图 7-10 所示，在弹出的对话框中确认计量单位，单击"Modify"进行修改，单击"Close"关闭。

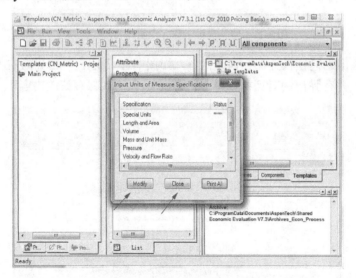

图 7-10　确认计量单位并修改

（7）修改货币名称、说明、符号、汇率，如图 7-11 所示，在 General Project Data 界面中单击"Project Currency Name""Project Currency Description""Project Currency Symbol""Project Currency Conversion Rate"分别对货币名称、说明、符号、汇率进行修改。

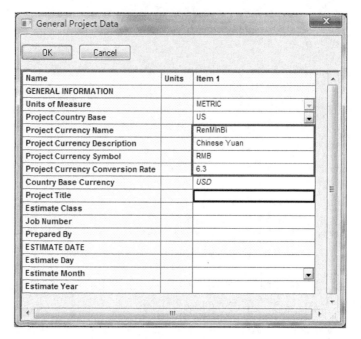

图 7-11　修改货币名称、说明、符号、汇率

（8）退出创建模板并保存修改内容，如图 7-12 所示，单击界面右上角关闭界面控制键，并在弹出的对话框中单击"是（Y）"确认保存修改内容。

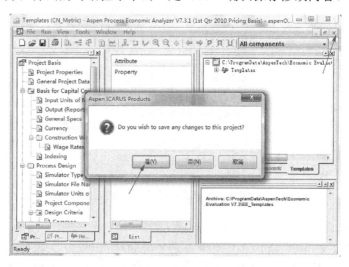

图 7-12　退出创建模板并保存修改内容

（9）创建项目及案例，如图 7-13 所示，单击界面左上角"□"图标，并创建项目。

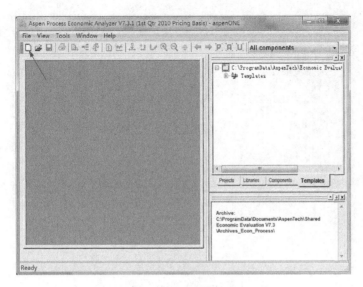

图 7-13　创建项目及案例

（10）指定工作目录，如图 7-14 所示，输入项目名称、案例名称，然后选用模板，在 Create New Project 界面中单击"Template"确定工作目录。

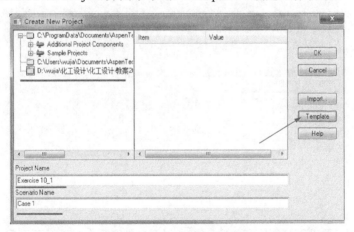

图 7-14　指定工作目录

（11）选用自定义的人民币模板，如图 7-15 所示，在 Import Template 界面中单击"CN_Metric"，选择人民币模板后，单击"OK"确定。

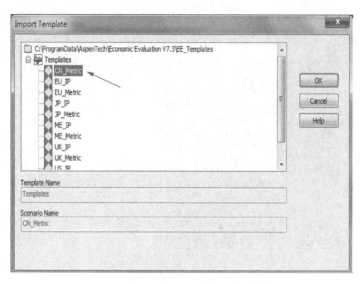

图 7-15　选用自定义的人民币模板

（12）输入项目说明，如图 7-16 所示，在 Project Properties 界面的"Project Description"中输入项目说明。

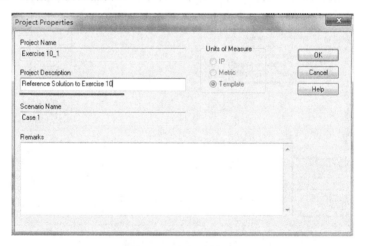

图 7-16　输入项目说明

（13）选择项目基础视图，如图 7-17 所示，单击 Aspen Process Economic Analyzer V7.3.1 界面左下角的"Project Basis View"，转化为项目基础视图。

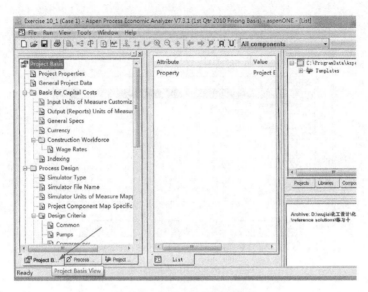

图 7-17　选择项目基础视图

（14）选择模拟软件类别，如图 7-18 所示，右键单击"Simulator Type"，再左键单击"Edit..."按钮确定，选择模拟软件类别。

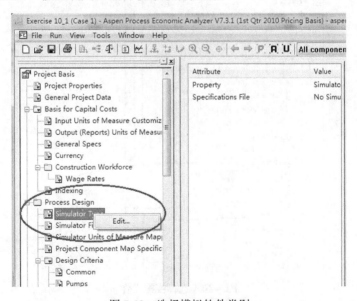

图 7-18　选择模拟软件类别

（15）选用 Aspen Plus，如图 7-19 所示，在 Select Simulator Type 对话框中选择"Aspen Plus"，并单击"OK"确定。

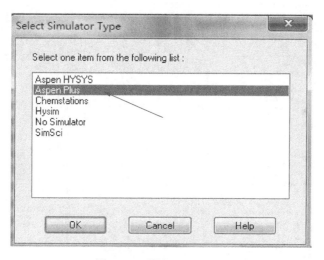

图 7-19　选用 Aspen Plus

（16）选择模拟文件，如图 7-20 所示，右键单击"Simulator File Name"，再左键单击"Edit..."。

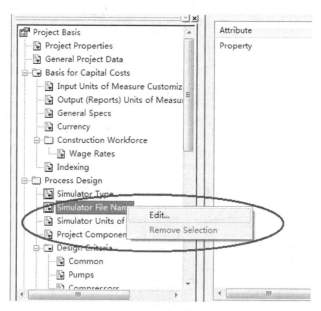

图 7-20　选择模拟文件

（17）在工作目录中打开已经运行成功的 Aspen Plus 模拟文件，如图 7-21 所示，在界面中选择 Aspen Plus 模拟文件，并单击"打开（O）"。

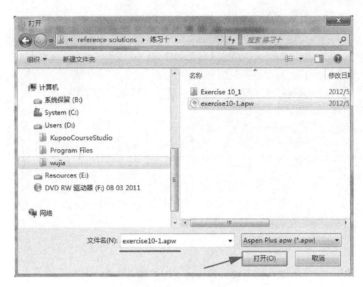

图 7-21　打开模拟文件

（18）如图 7-22 所示，单击 Load Data 对应的图标，把 Aspen Plus 的计算结果数据导入经济分析。

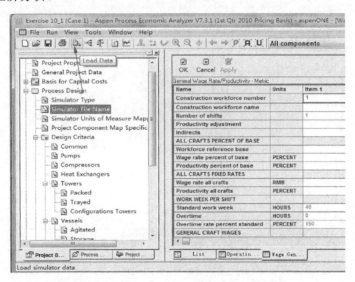

图 7-22　把 Aspen Plus 的计算结果数据导入经济分析

（19）输入导入的公用工程介质的单价，如图 7-23 所示，在 Utility Resource（s）界面的"Unit Cost"中输入单价。

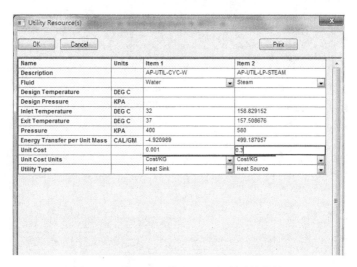

图 7-23　输入导入的公用工程介质的单价

（20）设备映射，如图 7-24 所示，单击 Map Simulator Items 对应的图标，将
Aspen Plus 模块与经济分析器数据库中的设备对应起来。

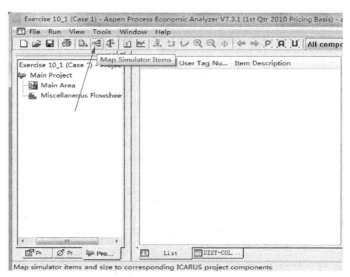

图 7-24　设备映射

（21）选择缺省和模拟数据选项，如图 7-25 所示，在弹出对话框中选择"Default
and Simulator Data"选项。

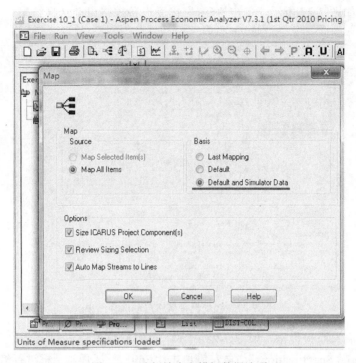

图 7-25　选择缺省和模拟数据选项

（22）Aspen Plus 软件将 RadFrac 模块自动映射为 7 台设备，如图 7-26 所示，单击 "OK" 接受映射结果。

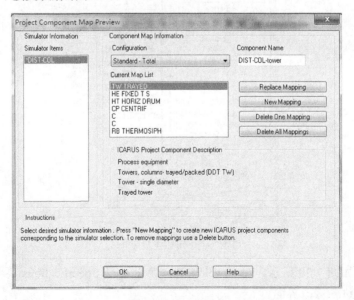

图 7-26　Aspen Plus 软件将 RadFrac 模块自动映射为 7 台设备

（23）如图 7-27 所示，单击"OK"接受设备规格自动选择结果。

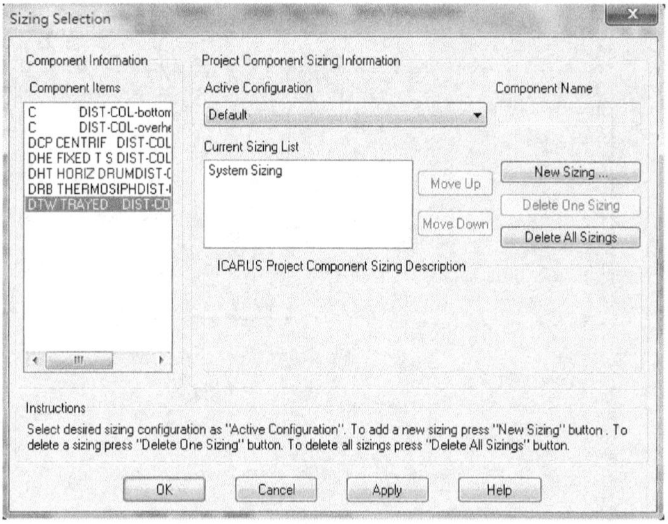

图 7-27　接受设备规格自动选择结果

（24）输入原料价格，如图 7-28 所示，对原材料价格进行定义时，右键单击"Raw Material Specifications"，再左键单击"Edit..."打开对话框进行编辑。

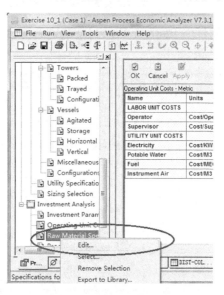

图 7-28　输入原料价格

（25）如图 7-29 所示，在 Develop Raw Material Specifications 菜单下，单击"Modify"进入修改界面。

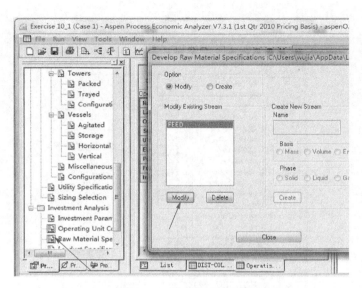

图 7-29　进入修改界面

（26）修改原料价格，如图 7-30 所示，在修改界面的"Unit Cost"一栏中输入原料价格。

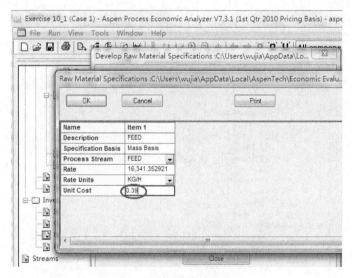

图 7-30　修改原料价格

（27）编辑产物价格，如图 7-31 所示，右键单击"Product Specifications"，再左键单击"Edit..."按钮确定。

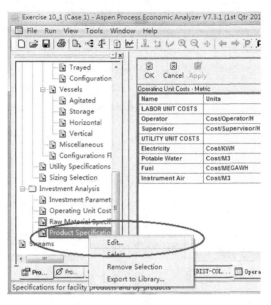

图 7-31　编辑产物价格

（28）如图 7-32 所示，在 Develop Product Specifications 界面中依次输入产物（精甲醇、杂醇油、废水）的价格，并单击"Modify"进行修改。

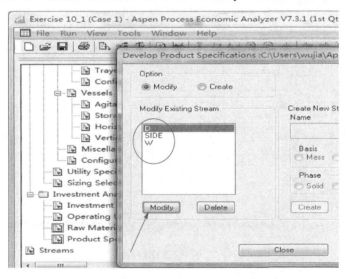

图 7-32　输入产物（精甲醇、杂醇油、废水）的价格

（29）成本估算和求出评价结果，如图 7-33 所示，单击 Evaluate Project 对应的图标将自动进行运算并得出结果。

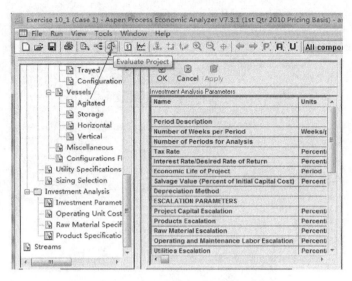

图 7-33　成本估算和求出评价结果

（30）如图 7-34 所示，评价结果显示在软件的中间窗口，可上下滚动鼠标进行查看。

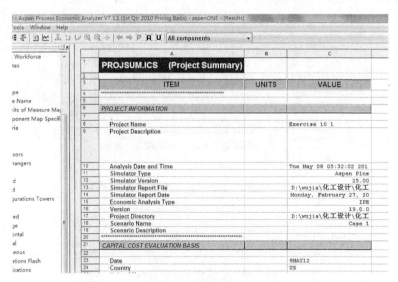

图 7-34　评价结果展示

（31）输出投资成本估算文件，如图 7-35 所示，单击 Capital Costs 对应的图标将自动计算并得出运算结果。

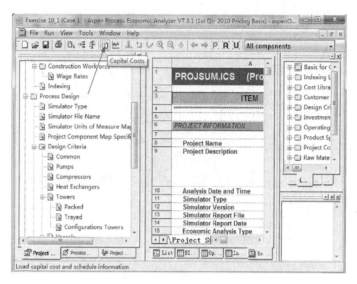

图 7-35　输出投资成本估算文件

（32）选择交互式报告选项，如图 7-36 所示，在弹出的 Select Report Type To View 对话框中选择"Interactive Reports"，并单击"OK"确认。

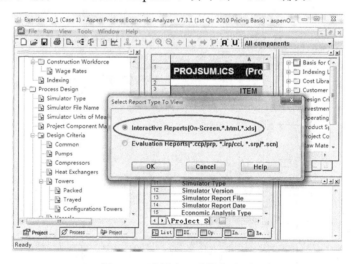

图 7-36　选择交互式报告选项

（33）如图 7-37 所示，在 Aspen ICARUS Reporter 界面上，选择"Standard reports"选项，勾选"Full Import"框，单击"Run Report"按钮进行计算。

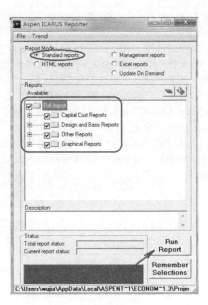

图 7-37　运行结果展示

7.4　模拟算例：废热锅炉成本计算

1. 问题描述

设计一个废热锅炉，产生 4000lb/h（1lb=0.453592kg）的蒸汽，换热面积为 1300ft³，估算此废热锅炉的成本。

2. 软件分析计算

打开 Aspen Process Economic Analyzer 模块，并在菜单栏单击"Create New Project"创建新任务，确认计量单位，修改货币名称、说明、符号、汇率等常用项目参数。

右键单击"Main Area"，选择"Add Project Component"，勾选"Process Equipment"和"Heat Exchangers"，添加相关设备信息。

在"Main Area"下输入相关参数（主要包括"Item description""Flow rate""Heat transfer area"），然后单击"Evaluate button"进行成本估算和经济评价。

参 考 文 献

[1] 江浩, 李铭. ASPEN PLUS 成本估算与经济评价系统及其应用[J]. 油田地面工程, 1995, 14(1): 55-57.
[2] 李峰, 赵新堂, 万宝锋. 流程模拟软件 Aspen Plus 在精馏塔设计中的应用[J]. 浙江化工, 2014, 45(9): 48-51, 55.

[3] 杨儒浦, 胡松, 池竇瀛, 等. 基于 Aspen Plus 的污泥热解与混烧技术经济特性对比分析[J]. 可再生能源, 2017, 35(6): 798-804.

[4] 李金花. 机械制造产品成本估算方法及应用分析[J]. 经济研究导刊, 2016(5): 179-181.

[5] 姚卫国, 郑瑞朋, 胡凯瑞, 等. Aspen Plus 模拟软件在化工中的应用[J]. 浙江化工, 2019, 50(8): 28-32.

[6] 白健. Aspen Plus 模拟软件在化工领域的应用研究进展[J]. 化工管理, 2020(7): 73-75.

[7] 吴祥, 武成利, 程晓莹, 等. 基于 Aspen Plus 建立煤气化操作空间及经济性分析[J]. 煤炭转化, 2020, 43(3): 64-72.

[8] 谭伟, 宋维仁, 叶银梅, 等. 基于 Aspen Plus 用户模型的甲醇合成模拟及分析[J]. 洁净煤技术, 2012, 18(1): 58-62.

[9] 张治山, 杨超龙. Aspen Plus 在化工中的应用[J]. 广东化工, 2012, 39(3): 77-78.

[10] 徐昆毓. 基于 Aspen Plus 煤气化模拟研究及成本分析[J]. 节能, 2019, 38(9): 41-45.

[11] 化工设计公司电子计算应用组. 第三代化工流程模拟系统 ASPEN 简介[J]. 化学工程, 1982(4): 44-47.